Das Problem der Lebensdauer

und seine.

Beziehungen zu Wachstum und Ernährung

Von

MAX RUBNER

o. ö. Professor an der Universität zu Berlin und Direktor
der hygienischen Institute

MÜNCHEN UND **BERLIN**

Druck und Verlag von R. Oldenbourg

1908

Vorwort.

————

Vielfache Berührungen, in die mich Untersuchungen über Säuglingsernährung und Experimente über den Stoffwechsel der Mikroben mit den Erscheinungen des Wachstums gebracht hatten, erweckten in mir die Empfindung, daſs wir über diese Vorgänge, gerade was die Grundfragen anbelangt, recht unvollkommen unterrichtet seien, und den Wunsch, zur Lösung dieser Materie Näheres beizutragen. Die Wachstumsvorgänge, die uns überall in der belebten Natur als die wesentlichsten Erscheinungen entgegentreten, haben vom ernährungsphysiologischen Standpunkt aus sozusagen nur als eine Abart des N- oder Eiweiſsansatzes Beachtung gefunden, in allgemeiner biologischer Hinsicht aber kein nachhaltiges Interesse wachgerufen. Man muſs in der Literatur weit zurückgreifen, um auf diejenige Periode zu kommen, in der man, wenn auch mit unzulänglichen Methoden, versuchte, das Wachstumsproblem allgemeiner zu erfassen; nicht die engsten ernährungsphysiologischen Gesichtspunkte einer Spezies können das Wissensbedürfnis sättigen, die Wachstumsfragen sind Gemeingut alles biologischen Daseins.

Indem ich den Versuch machen wollte, diese Materie zu bearbeiten, stellte sich zunächst das Bedürfnis heraus, die Fragen des N-Verbrauchs beim Ansatz und Wachstum erst ernährungsphysiologisch eingehender zu behandeln.

Dies war aber wieder nicht eine frei für sich lösbare Aufgabe, sondern machte es nötig, über die Variationen des Eiweiſs-

stoffwechsels in dessen Zusammensetzung mit anderweitigen
Umsetzungen im Rahmen der modernen energetischen Auffassung
ins klare zu kommen. So entstand der erste Teil der nach-
stehenden Untersuchungen, der eine Theorie der Ernährung des
ausgewachsenen Organismus liefern soll. Indem sich diese Theorie
bemüht, die rein stofflichen Fragen und Vorstellungen der älteren
Ernährungslehre mit den Prozessen des Kraftwechsels innerlich
zu verbinden, einheitlich zu gestalten und die Ernährungsprozesse
dem Wesen nach zu erklären, erweitert sie die in den ›Gesetzen
des Energieverbrauchs‹ (1902) niedergelegten Anschauungen zu
einem abgerundeten Ganzen.

Auf diesem Boden baut die zweite Abhandlung unsere Erkenntnis vom Säuglingswachstum auf, bringt eine schärfere Bestimmung der Stoffwechselgröfsen und zeigt, wie unerläfslich die
Scheidung zwischen Eiweifsansatz und echtem Wachstum ist. Es
machte sich mir aber das Gefühl geltend, dafs wir nicht in der
Lage sind, die hier einschlägigen Fragen richtig zu beantworten
ohne ein vergleichend physiologisches Übergreifen auf die Wachs-
tumsprobleme der Tiere.

Nicht als ein Problem einer ernährungsphysiologischen Bilanz
hat man das Wachstum zu betrachten, nicht in der regelrechten
stofflichen Befriedigung der Nahrungsbedürfnisse liegt unser biologisches Interesse begründet. Die Gesetze, nach denen in der
Natur das Wachstum sich vollzieht, die sich in der Art und Geschwindigkeit und zeitlichen Beschränkung der Bildung der lebenden Masse zeigen, sind das Anziehende der Probleme. Die energetischen Verhältnisse des Wachstums zu studieren soll nicht der
Endzweck sein, sondern mit den anderen Erscheinungen des
Wachstums zusammen nur ein Mittel und eine Methodik bilden,
um quantitative Methoden, die sich immer als die fruchtbarsten
erweisen, auch auf dieses Gebiet anzuwenden.

In diesem Sinne vergleichend physiologischer Arbeit entstand
die dritte Abhandlung, als deren wichtigste Ergebnisse der Nachweis gewisser grofszügiger Wachstumsgesetze bei den Säugern
anzusehen ist, die das extrauterine wie intrauterine Leben umfassen, und deren Endprobleme auf die Grundfrage organischen

Geschehens, auf Wachstumsdauer und Lebensdauer ein unge-
ahntes Streiflicht werfen.

Haben auch manche wichtige Fragen in nachstehendem ihre
Beantwortung gefunden, nicht minder zahlreich sind die neuen
Probleme, die uns entgegentreten, und, falls die vorliegende
Schrift die Lust zu weiterer Arbeit auf diesem Gebiet auch bei
anderen zu erwecken vermag, hat sie damit ihren Zweck voll
erreicht.

Berlin, Januar 1908.

Der Verfasser.

Inhaltsverzeichnis.

III. Das Wachstumsproblem und die Lebensdauer des Menschen und einiger Säugetiere vom energetischen Standpunkt aus betrachtet.

Theorie der Ernährung nach Vollendung des Wachstums.

Einleitung.

In der belebten Welt, angefangen von den Mikroorganismen einfachster Form bis zu den Wesen weitgehendster Differenzierung, ist die unerschöpfliche Wachstumskraft, die seit Entstehung des ersten Protoplasmas in unendlichen Zeiten die Wesen der fossilen Naturdenkmäler wie unser Dasein geschaffen hat, das Lebensrätsel selbst und die wunderbarste Naturerscheinung. Unzählbare Reste decken seit den Urzeiten tierischer und pflanzlicher Entwicklung die Walstatt, aber ungebrochen ersteht neues Leben, das in sich die Erinnerung an früheste Zeiten unverfälscht bewahrt und die Kraft der ersten Schöpfung in nichts verloren hat, ewig jung auch heute die Welt mit Lebendem aller Art zu füllen imstande ist. Die Gesetze des Wachstums zu erkennen, heifst dem Wesen des Lebensprozesses näherzutreten. Die Forschung kann nur den Weg betreten, die Äufserungen biologischer Grundeigenschaften zu verfolgen, aus ihnen bietet sich die Möglichkeit des Rückschlusses auf das Wesen biologischen Geschehens.

Will man das Wachstumsproblem, d. h. die Grundeigenschaften der Zellen in dieser Hinsicht feststellen, so ist der Weg hierzu nicht leicht. Nur eines ist sicher, das Wachstum hat bei den höheren Wesen die Eiweißstoffe zur Voraussetzung, das Wachstum ist die bedeutungsvollste Domäne des N-Stoffwechsels überhaupt; das scheint auch heute noch die gesichertste Prämisse unserer Vorstellungen. Will man aber die spezifische Rolle der Eiweißstoffe im Wachstum kennen lernen, so muß man vorher sich das Ziel setzen, die Funktionen des Eiweißes bei Erhaltung des Gleichgewichtszustandes, und unter den so sehr verschiedenen Modalitäten wechselnder Nahrungsgemische zu verstehen. Erkenntnis des Wachstums hat zur Voraussetzung Erkenntnis des Stoffwechsels des ausgewachsenen Tieres. Der letztere ist auch am häufigsten wirklich Gegenstand der Untersuchung gewesen und vornehmlich beim Fleischfresser. Zweck der Ernährung ist hier zumeist die stoffliche Erhaltung, in untergeordnetem Maße der Ansatz oder die Minderung der Körpermasse.

Mit welchen Grundeigenschaften sich dabei das Eiweiß an dem Stoffwechsel beteiligt, scheint einer kritischen Erörterung und experimentellen Untersuchung durchaus wert zu sein, obschon wir darüber eine ziemliche Zahl theoretischer Versuche und praktischen Materials besitzen. Im Laufe der Jahre haben sich manche Tatsachen ergeben, welche frühere Annahmen als reformbedürftig erscheinen lassen.

Wenn man sich die Literatur der Ernährungsphysiologie betrachtet, wird man finden, daß die Frage des Eiweißstoffwechsels, soweit sie die Umsetzung im stofflichen Haushalte im engeren Sinne betrifft, über die Sammlung experimenteller Tatsachen lange Zeit nicht hinausgekommen ist, und daß es vor allem an der gesetzmäßigen inneren Verbindung der Einzelbeobachtungen und einer befriedigenden kausalen Erklärung fehlte. Die Ursache liegt, wie mir scheint, in der historischen Entwicklung des Eiweißstoffwechsels, der einen der frühest bearbeiteten Teile der Stoffwechsellehre darstellt und in eine Zeit fällt, in welcher die sonstigen Ernährungsvorgänge und vor allem der Gesamtkraftwechsel als bedeutungsvolle biologische Erscheinung gar nicht bekannt war.

Diese Verbindung herzustellen, halte ich für eine wichtige Aufgabe, die ich deshalb auch schon in meinem Buche: Gesetze des Energieverbrauchs, S. 425[1]), streifen mußte, wobei sich zeigen ließ, daß eine Reihe von Vorgängen, wie der Mehrverbrauch von Eiweiß nach Mehrzufuhr, die Grenzwerte des Eiweißverbrauchs im Eiweißminimum und bei maximaler Fütterung, die Arten der Wärmeregulation bei Eiweißzufuhr usw., nur durch die energetische Betrachtung dem Verständnis nähergerückt werden.

Unter energetischer Betrachtung ist allerdings etwas ganz anderes zu verstehen als eine bloße mechanische Umrechnung beliebiger Stoffwechselvorgänge auf Kalorienwerte, wie einige noch heute anzunehmen scheinen. Die Naivität solcher Auffassungen ist an dem Wesen moderner Stoffwechselphysiologie verständnislos vorübergegangen. Die fortschreitende Wissenschaft hat bewiesen, daß es eine Trennung der Stoffwechsellehre und Wärmelehre überhaupt nicht mehr geben kann, da die erstere mit thermischen Verhältnissen kausal zusammenhängt. Das energetische Prinzip der Nahrungsregulierung in der Natur ist das tiefergehende und universellere, weil es die Zellen unabhängig von den Lebensbedingungen macht, ihnen unter den verschiedensten Umständen erlaubt, ihren Aufgaben und Zielen gerecht zu werden. Würden die Zellen nur auf eine starre Stoffwechselgleichung angewiesen sein, so wäre der Aktionsradius biologischer Existenz ein sehr enger. Den energetischen Aufgaben hat sich die Eiweißzufuhr anzupassen, daraus folgt auch, daß einfache N-Bilanzen nicht den Inbegriff des Eiweißstoffwechsels bilden können, sondern im Zusammenhang mit dem ganzen Zellleben betrachtet werden müssen. Der Eiweißstoffwechsel ist nur ein Teil eines Großen und Ganzen, das wir nur an der Hand energetischer Betrachtung verstehen können.

Mit voller Überlegung habe ich in meinen bisherigen Veröffentlichungen die sogenannten stofflichen Fragen, die gerade vielfach den Eiweißstoffwechsel betreffen, ganz ausgeschaltet oder doch auf ein geringes Maß beschränkt, weil es mir vor allem darauf ankam, die energetische Betrachtung als das um-

---

1) Künftig kurzweg als G. d. E. V. zitiert.

fassendere, allgemeinere und wichtigere Problem in den Vordergrund zu stellen und eine vorläufige Abrundung der Ergebnisse zu erzielen.

Um aber die Eiweifszerlegung und den Eiweifsverbrauch den neuen Anschauungen auch im einzelnen anzupassen, konnte ich mich auch nicht in jeder Hinsicht auf anderweitig festgestellte Tatsachen stützen, bedurfte vielmehr auch besonderer experimenteller Unterlagen. Nunmehr sollen aber auch diese Fragen einer Behandlung, die, wie ich hoffe, das noch fehlende Gebiet des Eiweifsstoffwechsels einer einheitlichen Auffassung zuführen wird, unterzogen werden. Der weitere Ausbau unserer Erkenntnis wird darauf weiterschreiten können, denn jeder Fortschritt ist stets nur eine bescheidene Etappe für die Arbeit der Zukunft.

Auf dem Gebiete des Kraftwechsels sind wir in der Erkenntnis der einschlägigen Faktoren, in der Erklärung seiner Besprechung zu den Aufgaben des Lebens, der Darlegung der Nahrungseinflüsse so weit gekommen, dafs wir die quantitativen Leistungen der Tiere, sogar voraussagen können, wenn die Bedingungen des Versuches uns bekannt sind; ja wir haben über die allgemeinen Bilanzversuche hinaus einen Einblick in die Ursachen des Geschehens erlangt.

Die Erkenntnis der Ursachen und Gründe des jeweiligen Eiweifsstoffwechsels erfordert, dafs man diesen aus seiner Isoliertheit heraushebt und in die lebendige Verbindung zu den sonstigen energetischen Vorgängen stellt, und zusammen mit den Prozessen der Umsetzung N-freier Nahrungsstoffe eine nach gleichheitlichen Gesichtspunkten geordnete Ernährungstheorie zu geben versucht.

Hierzu scheint mir um so mehr Veranlassung zu sein, als in neuester Zeit in den Stoffwechselfragen und gerade in der Frage der Eiweifszersetzung eine Spekulationssucht und ein Wortschwall sich breit macht, der jede Fühlung mit der eigentlichen Forschungsarbeit aufgibt und zu der historisch gegebenen Entwicklung der Ernährungslehre in direktem Gegensatze steht.

Die Übertragung der Immunitätstheorien auf die Ernährungsvorgänge erfolgt unter Voraussetzungen, aus denen man sieht, daſs die Stoffzersetzung in ihren Ursachen völlig verkannt wird.[1]

Theorie des Eiweiſsumsatzes bei reiner Eiweiſskost.

Am einfachsten und übersichtlichsten läſst sich der Eiweiſsumsatz bei ausschlieſslicher Eiweiſsernährung erklären, wenn man ihn zugleich mit den Kraftwechselverhältnissen in Zusammenhang bringt. Nach den Untersuchungen v. Frerichs, Bidder und Schmidt, Bischoff, Voit u. a. hat sich ergeben, daſs die Erhöhung der Zufuhr von Eiweiſs stets mit einer Mehrausscheidung von N Hand in Hand geht, bei gleichbleibender Zufuhr aber tritt nach kurzer oder längerer Zeit ein N·Gleichgewicht ein. Diese Erscheinung wiederholt sich, sobald die Menge von Eiweiſs aufs neue gesteigert wird. Sie findet schlieſslich ihr Ende in der Unlust und dem Unvermögen der Tiere, weitere Nahrungsmengen aufzunehmen oder zu verdauen. Voit hat die Anschauung ausgesprochen, daſs alles bei reiner Fleischkost resorbierte Eiweiſs zunächst in der Form des zirkulierenden Eiweiſses auftrete (Zeitschr. f. Biol., Bd. V, S. 360), von diesem sammle sich ein mehr oder minder groſser Anteil im Blute und den Säften an. Bei reiner Eiweiſskost komme es zu keiner echten Gewebsbildung, d. h. nicht zum Ansatze von Organeiweiſs (vgl. Voit, Handbuch der Ernährung, S. 114), nur zur Bildung von zirkulierendem Eiweiſs. Wir müssen uns gleich hier über diese Annahme näher aussprechen.

Man erkennt nun zwar allgemein an, daſs man bei der Ernährung mit Eiweiſs zwischen dem Eiweiſs, das die Lebens-

---

1) Die hier vorzulegenden Untersuchungen sind schon vor vielen Jahren ausgeführt worden. Die Experimente hat Dr. Peters in meinem Auftrage ausgeführt. Über ein wesentliches Resultat derselben, nämlich den Nachweis, daſs die Verwertung des Eiweiſses der Nahrung für den Ersatz des im Hunger zustande kommenden Eiweiſsverlustes keine konstante Gröſse sei, sondern daſs sich der Körper, je ärmer er an Eiweiſs wird, mit relativ kleiner werdender Eiweiſszufuhr genügen lasse, habe ich schon früher Mitteilung gemacht. (Zeitschr. f. experimentelle Pathologie u. Therapie, Bd. I, S. 15.)

funktion selbst ausübt und anderem, unbelebtem, zu unterscheiden habe, viele Autoren haben den Namen Organeiweiß und zirkulierendes nicht akzeptiert und andere Fachausdrücke gewählt. Die Nomenklatur ist eine sehr verschiedene geworden. Statt Organeiweiß will Pflüger den Ausdruck >organisiertes Eiweiß< wählen, andere schlagen Gewebseiweiß, oder lebendiges Eiweiß oder stabiles Eiweiß vor. Ich meine aber, es ließe sich der Ausdruck Organeiweiß als kurzer Terminus technicus beibehalten.

Für das außerhalb der lebenden Substanz vorhandene Eiweiß, von Voit zirkulierendes genannt, hat man auch eine ganze Reihe anderer Namen in Vorschlag gebracht, wie >nichtorganisiertes Eiweiß< (Pflüger) oder labiles Eiweiß (Hofmeister), Zelleinschlußeiweiß (Lüthje), Reserveeiweiß (v. Noorden). Ich werde von Vorratseiweiß sprechen.

Diese Benennung ist in allen Fällen keine Willkür, sondern ein Ausfluß der physiologischen Vorstellungen, die man sich von der Funktion dieses außerhalb der lebenden Substanz stehenden Eiweißes machen darf. Voits >zirkulierendes Eiweiß< ist mit dessen Theorie über den Eiweißstoffwechsel eng verbunden und deshalb beanstandet worden. Sie fußt im wesentlichen auf folgendem: Das resorbierte Eiweiß wird nach seinem Eintritt in die Blutbahn entweder gleich zum Aufbau der Organe verwendet oder bleibt im Blutstrom und wird zum größten Teil schnell zerlegt. Ein kleiner Rest entzieht sich der Zersetzung und wird erst in der Nachperiode, also z. B. im Hungerzustande, oder bei Verminderung der Eiweißzufuhr zersetzt. Die gesamte Eiweißzersetzung eines Tieres sollte sich aus der ungleichen Verbrennlichkeit des Organ- und des zirkulierenden Eiweißes erklären lassen in der Weise, daß vom Organeiweiß täglich etwa 1 %, vom zirkulierenden aber 80 % verbraucht würden (Zeitschr. f. Biol., Bd. V, S. 341). Letzteres, das nach reichlicher Eiweißzufuhr sich in größerer Menge bilde, bestimme die Größe der Eiweißzersetzung an den Hungertagen, speziell den ersten Tagen solcher Reihen, Eiweißmangel der Kost bedinge Minderung des zirkulierenden Eiweißes, daher

Ersatz durch Organeiweifs nötig werde, reichliche Eiweifszufuhr mehre das zirkulierende Eiweifs, die Zersetzung des Eiweifses gehe letzterem proportional, sei aber aufserdem vom Blutstrom abhängig. (S. auch die Darstellung bei Weinland: Deutsche Klinik III, S. 327.) Es scheint mir unnötig, einen historischen Abrifs der Diskussionen dieser Theorie, die bei den Gegnern Voits bisweilen auf einfachen Mifsverständnissen beruhte, zu erörtern. Zunächst ist aber heute eines sicher, dafs zum mindesten die für den Verbrauch von Organeiweifs (bei ungenügender Kost) angeführten Gröfsen Voits nur für Hunde von ganz bestimmter Gröfse, nicht aber allgemein gelten, und für die Zerleglichkeit des Organeiweifses nichts beweisen, weil letzteres nur bei Nahrungsmangel nach Mafsgabe des von Fett ungedeckten energetischen Bedarfes, der sehr verschieden ist und von Arbeit, Temperatur der Umgebung abhängig sein kann, eingeschmolzen wird.

Der Begriff zirkulierendes Eiweifs schrumpft fast, wie wir noch weiter sehen werden, zu dem Begriff Nahrungseiweifs überhaupt zusammen. Nur dürfen wir uns dabei nicht einen Übertritt des Eiweifses mit allen seinen Eigenschaften ins Blut vorstellen. Es ist aber überhaupt bezweifelt worden, dafs eine nennenswerte Ansammlung solchen Eiweifses — als zirkulierendes — zustande komme. Demgegenüber bleiben aber die Experimente Voits nach denen bei Verringerung der Eiweifszufuhr einen oder mehrere Tage lang eine gröfsere N-Menge als der Zufuhr entspricht, ausgeschieden wird, ja speziell der starke N-Umsatz im Hunger noch vorheriger Eiweifsfütterung, unumstöfsliche Tatsachen. Dieser hier als eine besondere Erscheinung offen zutage tretende vermehrte Eiweifsumsatz erinnert in seinem Verhalten ganz an Nahrungseiweifs. Es deckt an den Hungertagen nach Fleischfütterung zusammen mit dem Körperfett den Bedarf an Nahrungsstoffen, wie die Energiebilanz sicher dartut. Bemerkenswert ist auch das Hinziehen dieser vermehrten N-Ausscheidung auf mehrere Hungertage, worauf wir noch später eingehen müssen. All dieses gibt der Vorstellung einer Anspeicherung von Eiweifs Raum, nur ist anscheinend hohe Eiweifszersetzung und grofse Anspeicherung dieses Nahrungseiweifses

nicht unter allen Umständen gesetzmäfsig verbunden, was man
bisher nicht genügend beachtet hat; daher läfst sich keine Zer-
setzungstheorie auf die Annahme des ›zirkulierenden Eiweifses‹
stützen. Noch wichtigere Einwände mufste man gegen die
Annahme des Einflusses der ›Zirkulation‹ als eines wesentlichen Faktors der Eiweifszersetzung geltend machen. Die
Zirkulationshypothese überliefs dem Blutstrom die Regulation
des Verbrauches. Eine genauere biologische Vertiefung in dieses
Problem kann aber dem Blutstrom nur eine sekundäre Rolle
zuerkennen; das Primäre liegt in dem Bedürfnis der Zelle, die
selbst von einem Überschufs an Nahrung keinen Austofs zu
vermehrtem Umsatz empfängt.

Dies haben auch alle späteren Untersuchungen gezeigt.
Die Zirkulation der Nahrungsstoffe ist nicht bestimmend für
ihren Verbrauch, die energetischen Untersuchungen haben bewiesen, dafs die Zelle ihren Bedarf an Kräften nach
ihren physiologischen Aufgaben bestimmt; sie reguliert
ihre Nahrung selbst und deckt, im Falle der Blutstrom nicht
sofort sich zu akkommodieren vermag, ihren Bedarf aus Vorrats-
stoffen. Dies ist einer der wichtigsten Punkte, in
welchem die energetische Auffassung einen Wende-
punkt gegenüber den älteren Theorien der achtziger
Jahre des vorigen Jahrhunderts bedeutet.

Es läfst sich auch keineswegs beweisen, dafs nach Eiweifsfütterung stets zirkulierendes Eiweifs im Körper vorhanden ist.
Von alledem abgesehen, konnte die Theorie nicht befriedigen,
weil sie das, was erklärt werden sollte, als Prämisse annahm.
Man mufs dartun, warum einmal nur Organeiweifs, ein ander-
mal nur zirkulierendes entsteht. Zweifellos hat man in der
Bekämpfung der Voitschen Theorie zumeist die von ihm gefundenen Tatsachen nicht gebührend beachtet; mit positiven
Befunden, wie Voit sie gegeben hat, mufs jede andere Anschauung und Theorie rechnen, man darf sie nicht einfach
als unbequem zur Seite schieben. Gehen wir nunmehr zu einer
einfacheren anderweitigen Erklärung der Eiweifszersetzung, die
ihren Grund in dem genau begrenzten energetischen Bedarf der

Zelle findet, über, so bietet die Tatsache des Ansteigens der Eiweifszersetzung nach Eiweifszufuhr keinen Grund zur Annahme besonderer Eigenschaften des Eiweifses selbst, denn der ganze Vorgang ist eine naturgemäfse Erscheinung jedweder Fütterungsweise. Ob N-haltige oder N-freie Stoffe in Betracht kommen, die Nahrung unterliegt unter allen Verhältnissen der lebenden Substanz. Die Steigerung der Eiweifszersetzung wird eingeleitet durch die Überschwemmung des Säftestroms durch das Eiweifs. Sie ist ebensowenig etwas Absonderliches wie die Steigerung der Kohlehydratzersetzung nach Kohlehydratzufuhr und die Verdrängung des Körperfettes aus der Zersetzung durch Nahrungsfett der Zufuhr.

In der Abhandlung über die Vertretungswerte der organischen Nahrungsstoffe habe ich zuerst diese einfache Auffassung der Zersetzung der letzteren ausgesprochen. (Zeitschr. f. Biol., Bd. XIX, S. 394.)

Im Sinne der energetischen Auffassung und des Isodynamiegesetzes liegt es, dafs nicht stoffliche Vorgänge an sich für die Leistung der Zelle entscheidend sind, sondern nur der Energieinhalt der Stoffe. Die Ursache für die Zersetzung der Stoffe nahm ich an nach Mafsgabe der Konzentration in den Säften, dem Zucker liefs ich seinen bekannten Vorrang wegen der leichten Löslichkeit und Verteilung im Säftestrom.

Dieser Auffassung, dafs eben die Art der eingebrachten Nahrung es ist, welche die Art der Verbrennung bedingt, haben sich später E. Voit sowie auch O. Frank und Trommsdorff angeschlossen. (Zeitschr. f. Biol., XLIII, S. 258.) Letztere betonen, dafs es bei der Zerlegung der jeweiligen Nahrungsstoffe auf ähnliche Verhältnisse ankomme, wie sie das Guldberg-Waagesche Massenwirkungsgesetz vermuten lasse. Aus letzterem erklärt sich auch die allmähliche Abnahme des Vorratseiweifses bei Hunger nach Fleischfütterung. Solange das Eiweifs in der Zufuhr reichlich vorhanden ist, ist es eben Nahrungsstoff, und dafs dieser statt der Körperstoffe verbrennt, liegt eben im Begriff des Nährenden. Je mehr in den Körper kommt, um so umfangreicher wird auch die Ernährungsaufgabe erfüllt.

So hat sich die Frage des N-Verbrauchs nach Nahrungszufuhr durchsichtiger gestaltet, als es nach den älteren Darstellungen der Fall war. Das Paradoxe der N-Mehrung in den Ausscheidungen hat eine einfache Erklärung gefunden.

Aber damit ist keineswegs, wie man nach vielen neueren Darstellungen meinen sollte, alles gesagt, was die Zersetzung des Eiweifses Eigenartiges an sich hat. Man hat im Übereifer einiges über Bord geworfen, was wir gar nicht entbehren können.

Die Tatsache, dafs nach Eiweifsfütterung an den darauffolgenden Hungertagen noch mehr N ausgeschieden wird als an den Tagen vor der Eiweifsfütterung, bedarf noch einer Erläuterung. Dieser Vorgang, der so oft und eingehende Diskussionen hervorgerufen hat, ist durchaus klar und eindeutig und geradezu eine notwendige Voraussetzung jeder ausschliefslichen Eiweifsfütterung.

Ich fasse das Vorratseiweifs, dem engeren Begriffe des Wortes entsprechend, als jenen, wenn auch etwas transformierten Anteil des Nahrungseiweifses auf, der bei der ausschliefslichen Verwendung des letzteren im Körper noch während der Resorption vorhanden sein mufs, um das N-Gleichgewicht zu erhalten. Es findet sich nur dort, wo durch das gefütterte Eiweifs rein dynamische Aufgaben in gröfserem Umfange erfüllt werden. Je mehr also das Eiweifs als reiner Ersatz für Fett oder Kohlehydrat eintritt, um so mehr mufs ein gewisser Vorrat vorhanden sein, der in der Zeit der Nahrungsresorption den N-Verlust hindert. Aus dieser Annahme folgt dann auch noch weiter, dafs eben in den späteren Stunden des Versuchstags noch Nahrungseiweifs im Blute oder sonstwo vorhanden sein mufs, wenn reichlich »zirkulierendes Eiweifs« gefunden werden soll, daher mufs zum mindesten so viel Eiweifs gefüttert werden, dafs ein N-Gleichgewicht erreicht wird. Das Vorratseiweifs wird geradezu zu einer notwendigen Vorraussetzung des N-Gleichgewichts.

Füttere ich nach einer reichlichen Eiweifszufuhr erneut dieselbe Menge, so wird das Gleichgewicht sofort eintreten usw. Das Vorratseiweifs ist also das kalorische Äqui-

valent an Nahrung für jene Zeit, in der der neue Ei-
weifsstrom zur Ernährung noch nicht vollkommen
hinreicht.

Gruber hat (Zeitschr. f. Biol., Bd. XLII, S. 11, 1901) eine
andere Erklärung des allmählichen Ansteigens der N-Ausscheidung
nach reichlicher Eiweifsgabe, und für die Vermehrung der N-Ausscheidung nach Reduktion der Eiweifszufuhr gegeben, auch Falta
hat sich ihm hierin angeschlossen. (Deutsches Arch. f. klin. Med.,
Bd. 86, S. 547.) Gruber hält die vorübergehende Eiweifsretention
für eine Folge der Superposition der Tageskurven, so etwa, dafs,
wie Voit annimmt, am ersten Tage der Fütterung nur 80% des
Eiweifses zerstört werden, an den nächsten Tagen die Reste,
wodurch dann allmählich ein Gleichgewicht entstehen mufs. Die
Schwierigkeit dieser Theorie liegt in der Unmöglichkeit ihrer
Verallgemeinerung, denn, wie wir im nächsten Abschnitt bei Betrachtung der mit N-freien Stoffen kombinierten Fütterung sehen
werden, fällt dort die eigentümliche zeitliche Verteilung, das langsame Ansteigen der N-Ausscheidung bei Fütterung, das Nach-
hinken der Zersetzung bei Eiweifsentziehung ganz weg.

Der Eiweifsumsatz zeigt aber noch eine besondere Eigen-
tümlichkeit, eine bisweilen unvollkommene Zersetzung des Eiweifses. Eine solche Spaltung in einem N-haltigen und N-freien
Teil glaubten Pettenkofer und Voit bei Zufuhr grofser
Fleischmengen entdeckt zu haben. »Das Eiweifs wird . . . . .
zuerst in nähere Produkte gespalten, von denen eines wahrscheinlich Fett ist.« (Physiol. d. allg. Stoffwechsels, v. Voit,
S. 320.) Die Fettabspaltung aus Eiweifs war für die Voitsche
Ernährungstheorie eine ganz wesentliche Grundlage. Es ist
richtig, was spätere Kritiker gesagt haben (s. zum Vergleich Zeitschr.
f. Biol., Bd. V, S. 108, 1869 und Pflüger in dessen Archiv, Heft
August 1897), dafs diese Versuche über die Eiweifsspaltung nicht
beweisend waren. Aber es ist trotzdem gewifs, dafs man bei sehr
grofsen Fleischgaben eine Eiweifsspaltung findet, wie ich mich
schon 1882 überzeugt hatte. (Die Versuche sind mitgeteilt
in G. d. E. V., S. 84.) Bei einem grofsen Hunde (24 Kilo)
konnte ich bis 26 und 29 g C pro Tag als Spaltprodukte sich ab-

lagern sehen, und M. Cremer hat an Katzen die Spaltung
des Eiweifses einwandfrei erwiesen. (Zeitschr. f. Biol., Bd. XXXVIII,
1899, S. 309.) Nur über die Natur dieses Spaltungsproduktes dürfte
kein Zweifel in dem Sinne bestehen, dafs es nicht Fett ist,
sondern Kohlehydrat.

Ich hatte den Grund für die zweifellos leichte Spaltbarkeit
des Eiweifses nach Entdeckung der Isodynamie der Nahrungsstoffe in dem thermischen Verhalten gesucht. (Zeitsch. f. Biol.,
Bd. XIX, S. 394.) Die Spaltung ist ein regelmäfsiger Vorläufer
des Eiweifsabbaues, diese Annahme fand ihre Stütze in Experimenten, bei denen von mir auch ohne Überfütterung die Eiweifszersetzung in einzelnen Tagesperioden untersucht worden
war. (Vgl. Ludwigs Festschrift, 1887.) Auch Voit hat die Spaltung
des Eiweifses als regulären Vorgang vermutet. (Zeitschrift f.
Biol., Bd. V, S. 108 und dasselbst Bd. XXVIII, S. 297. 1891.)
Weitere Beiträge zum Entscheid dieser Frage haben Frank
und Trommsdorff geliefert (Biol., Bd. XXXIII, 1902).

Allerdings lassen die letzteren noch den Einwand gelten,
als könnten bei diesen Resultaten durch Verschiebung zwischen
Lungenausscheidung des C und der N-Ausscheidung im Harn bis
zu einem gewissen Grade Täuschungen unterlaufen, doch wird mit
Recht von Falta (a. a. O. S. 557) dagegen geltend gemacht, dafs
keine genügenden Beweise für eine Retardierung der Nierenaus-
scheidung zu erbringen seien. Wir sind gerade über die Verhältnisse dieser Eiweifsspaltung sehr eingehend durch die Untersuchungen unterrichtet, die ich hinsichtlich der energetischen
Verhältnisse, die dabei in Frage kommen, ausgeführt und deren
Ergebnisse, die ich in den G. d. E. V. 1902 näher dargelegt habe.
Bei der Eiweifszerlegung wird ein Teil der potentiellen
Energie sofort als Wärme frei, die nur innerhalb des Ge-
bietes der chemischen Wärmeregulation quantitativ ausgenutzt
wird, sonst aber als überschüssig zu Verlust geht. Ich nenne
diese die spezifisch dynamische Wirkung (G. d. E. V. S. 70 und
327); sie ist bei Eiweifs sehr erheblich. Der Energierest, repräsentiert durch den N-freien Rest des Eiweifses, dient ebenso

wie alle anderen Nährstoffe zur Befriedigung des Energiebedürfnisses der Zelle. Es kommen also für energetische
Zwecke fast nur, wenn nicht überhaupt nur N-freie
Gruppen (des Eiweifses, Fett, Kohlehydrate) in Betracht.
Aus diesen Vorgängen gewinnt aber die Theorie der Eiweifszersetzung eine wichtige neue Stütze, welche eine ganze Reihe
von weiteren Eigentümlichkeiten der Eiweifszersetzung in klareres
Licht stellte, nämlich die auffallenden grofsen Eiweifsumsätze, die man bei Steigerung der Eiweifszufuhr
erreichen kann. Da bei der spezifisch dynamischen Wirkung
Wärme verloren geht, gelangt man mit ausschliefslicher Eiweifsfütterung nur bei sehr niedrigen Lufttemperaturen auf den Energieverbrauch des hungernden Tieres, in der Regel auf eine Gröfse,
die darüber liegt und im Gebiete der physikalischen Regulation
das 1,4 fache des Hungerminimums bei chemischer Regulation
ausmacht (s. G. d. E. V. 349). Dadurch bietet sich also bei Eiweifs
für den Organismus die Möglichkeit, relativ mehr als von den
anderen Nahrungsstoffen, kalorimetrisch betrachtet, umzusetzen.

Die Gröfse des Umsatzes wird, worauf ich weiter hingewiesen habe, noch durch den Umstand gesteigert, dafs reichliche
Eiweifszufuhr durch die Massenzunahme des Körpers selbst
wieder einen Grund zu einer Zunahme des Umsatzes herbei-
führt, der eben der Gewichtszunahme des Körpers entspricht
(G. d. E. V. S. 247 und S. 257).

Dieser Satz widerspricht zum Teil einer älteren Behauptung, dafs bei reiner Eiweifskost die Bildung von Organeiweifs
ausgeschlossen sei. Ich kann mich nicht davon überzeugen, dafs
es unmöglich sei, einen Organismus durch Fleisch allein N-reicher
im Sinne wahren N-Ansatzes in den Zellen (Organeiweifs) zu
machen. Man kann sogar beim Menschen wie bei Tieren erhebliche Ansätze von Organeiweifs zustande bringen, wie ich
gesehen habe.

Vielfach ist die Behauptung aufgestellt worden,
die reichliche Eiweifsfütterung mit dem entsprechenden Eiweifsansatz bedinge erhebliche Änderungen
in den Lebenseigenschaften der Zellen.

Dies ist mehrfach z. B. auch von H. v. Höfslin behauptet worden, durch meine Versuche aber mit Bestimmtheit widerlegt; es sollte daher endlich die irrtümliche Anschauung der ›Zustandsänderung‹ durch Eiweifszusatz in den Zellen fallen gelassen werden.

In den Eigenschaften des Organismus tritt, soweit energetische Verhältnisse allein in Frage kommen, durch die vorhergegangene reichlichste Eiweifsfütterung keine Änderung ein (G. d. E. V. S. 260).

Der Stoffwechsel im Hungerzustande vor einer grofsen Eiweifsfütterung und nach einer solchen läfst Unterschiede nicht erkennen. Ich habe kaum 0,6% Differenz der Wärmebildung gefunden. Damit will ich nur von dem Kraftwechsel allein sprechen. Ob ein Tier vor und nach einer starken Eiweifsfütterung, die ein starkes Anwachsen des N-Bestandes zur Folge hatte, nicht doch andere biologische Eigentümlichkeiten besitzt (wie Resistenz gegen Mikroorganismen usw.), ist eine Frage, die nicht hierher gehört.

Über reine Eiweifskost bei Menschen besitzen wir übrigens keineswegs so überreichliches experimentelles Material als man meinen möchte; denn sehr grofse Eiweifsmengen lassen sich in solchen Mengen von Kalorien, wie man sie bei gemischter Kost aufnimmt, gar nicht einverleiben.

Praktisch betrachtet spielt sie auch keinerlei bedeutende Rolle. Man sieht aus dem Vorstehenden, dafs es, solange man nur an der rein stoffliche Betrachtung der Eiweifszersetzung festhalten mufste, nicht möglich war, eine allgemein befriedigende Theorie der Erscheinungen zu liefern, während die Vorgänge im Zusammenhang mit dem Kraftwechsel und den energetischen Prozessen eine befriedigende Lösung geben.

Auf den weiteren Abbau der N-haltigen Gruppen habe ich nicht weiter einzugehen, ich verweise auf das in den G. d. E. V. S. 386 Gesagte. Meine Theorie der Eiweifsspaltung läfst in energetischer Hinsicht der allmählichen Umwandlung der primären Produkte freien Spielraum. Ob die bekannten pathologischen Vorkommnisse der Cystinurie, der Ausscheidung von

Diaminoverbindungen und der Alkaptonurie auf Irregularitäten des ersten Spaltungsaktes oder auf spätere Umsetzungsmängel bezogen werden müssen läfst sich zurzeit nicht entscheiden, wennschon manches für die zweite Möglichkeit sich anführen liefse.

Allgemeine Theorie des Kraftwechsels.

Für alle eingehenderen Fragen des Nahrungsumsatzes ist eine kurze Darstellung der Theorie des Kraftwechsels eine zweckmäfsige Voraussetzung. Die Deckung des Energiebedürfnisses ist insofern ein ziemlich einfacher Vorgang als derselbe im wesentlichen und ganz überwiegendem Mafse von N-freien Nahrungsgruppen, dem Fett, den Kohlehydraten und der N-freien Gruppe des Eiweifses besorgt wird. Es ist höchst unwahrscheinlich und durch die nachweisbaren Spaltungsvorgänge des Eiweifses auch widerlegt, dafs zur Vermittlung der Verwertbarkeit der N-freien Gruppe des Eiweifses für energetische Zwecke die N-haltigen Atomgruppen benötigt werden. Der energetische Prozefs wird dadurch sehr einheitlicher Natur. Ich will mit möglichster Anlehnung an die Tatsachen den Zerlegungsvorgang erörtern. Im wesentlichen findet man die Frage schon im Kapitel Physiologie der Ernährung S. 78 in Leydens Handbuch von mir behandelt.

Die Vorgänge spielen sich am lebenden Protoplasma ab, über dessen Natur uns näheres nicht bekannt ist. Ob man dasselbe Riesenmolekül heifsen will, ob man in einfacherer Weise von Molekülvereinigungen zu Micellen, wie Nägeli es nannte, sprechen will, ist völlig irrelevant. Hochtrabende Namen, wie man sie sonst noch gewählt hat, können uns über das nicht täuschen, dafs wir Genaueres nicht wissen. Der Quellungszustand der Organsubstanz ist, wie die direkten Analysen lehren, bei den Warm- und Kaltblütern ein aufserordentlich gleichartiger, indem die Beziehungen zwischen Wasser und eiweifsartiger Substanz fast gleiche Zahlen ergeben. Die Anordnung dieser besitzt aber noch etwas Besonderes, beim Erhitzen schrumpfen die Organe, während einfach gequollenes totes Eiweifs solche charakteristische Zugwirkungen meist nicht entfaltet. Nach

meinen Untersuchungen an Bakterien (Arch. f. Hyg. LVII S. 223)
bin ich zu der Anschauung gekommen, daß das Lebende
nicht gleichartig aufgebaut sein kann, da ja die einen
Zellen bei 30° absterben, andere bei 60° noch kräftig wachsen
und leben. Eine Molekülgruppe im Protoplasma, diejenige welche
das Wachstum und den Aufbau vermittelt, wird allerdings den
einheitlichen und gleichbleibenden Grundstock der Einzelligen
bilden, an den sich je nach den Lebensbedingungen andere
Eiweißgruppen (leicht koagulable oder nur bei hoher Temperatur
koagulable) angliedern. Die Umwandlung in lebendes Eiweiß
braucht also die chemische Natur des Nähreiweißes nicht völlig
umzuwandeln, nur in gewissen Richtungen zu modifizieren.

Die Menge des Energieumsatzes der lebenden Substanz
hängt nicht mit der absoluten Temperatur zusammen, sondern nur
mit dem bei verschiedenen Wesen verschiedenen Optimum, das
immer nahe dem Maximum, d. h. der Schädlichkeitsgrenze steht;
der Energieumsatz ist für die gleichen Daseinsäußerungen nach
den Spezies verschieden, außerordentlich groß bei den Einzelligen, verhältnismäßig klein bei den Säugern, also das Verhältnis
$$\frac{\text{Energieinhalt der ganzen Zelle}}{\text{Energie-Umsatz}}$$ für die Zeiteinheit ist schwankend
von Größen, die nach eigenen Beobachtungen $= 1$ bei den Ein-
zelligen werden können, bis zu verschwindend kleinen Werten bei
den großen Säugern.

Den Mechanismus des Energieumsatzes kann man
sich in folgender Weise vorstellen:

Das Protoplasma bzw. bestimmte Teile desselben, deren Moleküle — nicht alle Substanz kann bei dem Energieumsatz stetig
beteiligt sein — haben einen begrenzten Schwingungszustand
(der Moleküle, Atome) so lange sie leben, einzelne Teile besitzen
durch ihre eigenartigen Schwingungen die Fähigkeit, benachbarte
Nahrungsstoffe zum Zerfall zu bringen. Solche Affinitäten müssen
wohl als spezifisch verschieden angenommen werden. Da ja
bewiesen ist, daß bei Diabetes die Kohlehydrat spaltende
und die den N-freien Rest des Eiweißes spaltende ausfällt, so
müssen (indem ich von dem Alkohol, Glyzerin usw. absehe)

mindestens zwei verschiedene Typen der Affinitäten angenommen werden: die eine für Kohlehydrate + N-freien Eiweifs-
rest (K), die andere für Fett (F). Solche Affinitäten werden sich
unter Nervenreizen mehren können, um eine gröfsere Arbeit zu
besorgen. Es ist für das Leben gleichgültig, welcher
Typus dieser Affinitäten arbeitet. Setzt der Typus K
viel Energie um, so entfällt die Arbeit entsprechend
für F und umgekehrt. Ist K ausgeschaltet, wie beim
Diabetes, so mufs F isodynam mehr leisten als sonst
oder allein den Energieumsatz besorgen.

Die Affinitäten mögen ähnlich wirksam gedacht werden wie
Fermente, dies bezieht sich aber nur auf den ersten Angriff auf
die Nahrung. Ob man dabei einen wirklichen Kontakt oder Kon-
nex, oder eine Fernwirkung annehmen will, ist völlig unwesentlich.

Der Effekt der Annäherung des Nahrungsstoffes an die Affinität äufsert sich in Atomverschiebungen und möglicherweise so-
fortigem Eintritt des Sauerstoffs. Es ist für den ganzen Verlauf des
Prozesses völlig ohne Belang, ob dieser Sauerstoff etwa auch in
lockere Verbindung mit den Affinitäten tritt, aufgespeichert ist
oder gasförmig hinzukommt. Es ist dies, da wir die Einzelheiten
doch nicht kennen, ein unwesentlicher Punkt. Wichtig dagegen
sind die Energieverhältnisse. Diese müssen bei den Akten der
Atomverschiebung und dem Eintreten des O so gestaltet sein,
dafs Arbeit mit Bezug auf das Protoplasma geleistet wird, welche
sowohl die Affinität transformiert als auch sich weiterhin fort-
pflanzt und dieselben Stellen erreicht, gleichgültig ob K oder F
die kraftauslösende Affinität war. Denn das Gesetz der Isodynamie verlangt, dafs von K wie von F aus das Energie-
bedürfnis befriedigt werden kann.

Die verfügbar werdende potentielle Energie des Nahrungsstoffes bringt eine völlige Veränderung der Affinitäten und benachbarten Teile hervor, dafür gibt es ja zahlreiche Beispiele.
Die Dreiatomigkeit macht Sauerstoff zu Ozon, geringe Änderungen aus giftigem den ungiftigen Phosphor; J_3N entsteht durch
Energieabsorption und macht sie bei Explosion wieder frei. Es
bedarf also, räumlich gedacht, vielleicht keiner grofsen Umwäl-

zung um die Feder des Lebensuhrwerkes aufzuziehen. Im Moment der Zerlegung des Nahrungsstoffes findet also Aufnahme von Kraft von seiten der lebenden Substanz statt. Deren Bewegung und Schwingung ist aber ein Vorgang, der allmählich Kraft konsumiert, sie in Wärme überführt und verliert, wodurch in einem Kreisprozeß alle Teile wieder auf den alten Zustand wie er vor der Nahrungszerstörung durch die Affinität bestand, zurückkehren und letztere ist selbst wieder bereit, ihren Angriff zu erneuern. Wie rasch dieser Akt der Zerlegung und Umwandlung von Kraft in Wärme sich vollzieht, hängt von der Art der lebenden Substanz, ihrer Temperatur und den z. B. durch nervöse Einflüsse oder anderweitig (Abkühlung beim Warmblütern) verlangten Leistungen ab.

Das Zersetzungstempo ist einerseits abhängig von der Temperatur der Zelle, kann aber durch Einführung schwingungshinderlicher anderer Eiweißsubstanzen wie bei den Thermophilen nach den Bedürfnissen der Spezies geändert werden (Verschiedenheit der Optima). Bei anderen ist durch koagulable Gruppen das Optimum auf eine niedrige Temperatur eingestellt.

Je höher von dem Minimum beginnend die Temperaturen sich steigern, desto schneller verlaufen die Umsetzungen, nicht weil die Zerlegbarkeit der Stoffe zunimmt, als vielmehr weil die lebende Substanz selbst sich schneller umsetzt.

Diese hat in ihren intramolekularen Schwingungszuständen eine bestimmte Grenze, die nicht überschritten werden darf (Maximum). Die Zelle besitzt also eine äußerst interessante Selbststeuerung für den Verbrauch an Nährmaterial (dynamische Regulierung).

Dieser Modus der Kraftübertragung von Nahrungsstoff auf die lebende Substanz, wie ich ihn hier geschildert habe, ist also der Teil in Lebensarbeit, für den ich den Ausdruck energetische Vorgänge gebraucht habe.

Daneben gibt es im Körper noch eine Reihe anderer Spaltungen und Umsetzungen, bei denen Wärme frei oder Wärme gebunden wird. Die Summe dieser Prozesse ist natürlich klein im Verhältnis zu den energetischen im obigen Sinne. Bei den

rein thermochemischen Vorgängen erscheint die Wärme sofort
als Akt der Umsetzung. Die Prozesse, welche den Lebensprozeſs
durch Energiezufuhr unterhalten, sind natürlich, wenn man die
Endstadien vergleicht, thermochemisch ausdrückbar; mir ist das
sehr wohl bekannt, da ich zuerst den Beweis erbracht habe für
die Gültigkeit der Erhaltung der Kraft im tierischen Organismus.
Bei dem Energieumsatz in den Zellen schiebt sich zwischen den
Anfang und das Endglied der Vorgänge die uns im einzelnen
unbekannte Lebensarbeit, die in rhythmischer Aufspeicherung von
Energie als chemische Spannkraft besteht, ein, als jene intra-
molekulare oder auch molekulare Änderungen, welche zum Unterhalt des Lebens notwendig sind, labile Zustände darstellen und
mit Wärmeentwicklung enden (G. d. E. V. 377)[1].

Spaltung und Zersetzung des Eiweiſses bei gemischter Kost.

Die Erklärung der Ernährungsvorgänge bei reiner Eiweiſskost war verhältnismäſsig einfach, sie hat nur leider beschränkten
Wert und gilt für den Fleischfresser in erster Linie. Die gemischte
Kost, im Tierreich und beim Menschen dominierend, bietet
gröſsere Schwierigkeiten für eine Ernährungstheorie. C. Voit
faſste die früher gültige Anschauung dahin zusammen (Handb.
v. Herrmann, Bd. VI, S. 317), daſs Fett die Eiweiſszersetzung etwas
mindere, weil es den Vorrat von zirkulierendem Eiweiſs verkleinert
und Organeiweiſs aufbaut. »Das Fett wirkt also nicht . . . indem
es als verbrennliche Substanz den Sauerstoff in Beschlag nimmt
und so Eiweiſs schützt . . . es erspart Eiweiſs auch dann, wenn
es gar nicht angegriffen, sondern ganz abgelagert wird.«

»Die Kohlehydrate verhalten sich bezüglich des Eiweiſszer-
falles wie das Fett.« (Handb. v. Herrmann, Bd. VI, S. 318.) Das

---

1) Vor kurzem hat Camerer in der Zeitschrift für Kinderheilkunde
gemeint, ich hätte in den G. d. E. V. energetische Wirkungen und thermo-
chemische doch als identisch ansehen sollen. Dies entspricht nicht meiner
Auffassung, denn ich verstehe unter beiden Dingen keineswegs identische
Vorgänge sondern wie ich schon früher ausgesprochen hatte, differente
Dinge, wie ich sie soeben nochmals klargelegt habe.

Eiweiſs sollte zum Teil in Fett zerfallen und dieses bei Kohlehydratzufuhr als Fett aufgespeichert werden. Diese Theorie des
Stoffwechsels bei Nahrungsmischungen würde also wesentlich auf
der Eigenartigkeit der Wirkung der N-freien Stoffe hinsichtlich
der Bildung von Organeiweiſs beruhen. Warum die Organe
aber nur ein Anwuchsbedürfnis zeigen sollten, wenn N-freie
Stoffe vorhanden sind, blieb unaufgeklärt. Für die Begrenzung
und Bestimmung der Zelleistung fehlte auch hier ein genaues
Maſs, wie es die energetische Leistung darstellt. Zur Prüfung
der Verhältnisse für die Mischnahrung gehen wir am besten von
den experimentellen Tatsachen aus, die Bischoff und Voit
festgestellt haben.

Steigenden N-Mengen in der Nahrung entsprechen steigende
N-Mengen in der Ausscheidung auch bei Anwesenheit von N-
freien Stoffen.

Ich gebe zum Belege dafür die beiden Versuchsreihen,
welche Voit (Biol. Bd. V, S. 338) anführt, rechne aber die Zahlen
für Fleisch auf N um und füge noch die Werte für die Wärmeproduktion nach meinen Standardzahlen hinzu.

Die eine Reihe rührt von Bischoff und Voit her (4. De-
zember 1857 bis 22. Januar 1858), die zweite, gleichfalls von
Bischoff und Voit ausgeführt, stammt aus den Jahren 1858
(1. bis 24. Februar). Respirationsversuche liegen nicht vor.
Auſserdem habe ich aus der Originaltabelle von Bischoff und
Voit (Ges. d. Ernährung des Fleischfressers) die Körpergewichte
des Hundes aufgesucht und angefügt.

Gewicht des Hundes in kg	Datum 1858	Zufuhr (pro Tag) N	Fett	N-An-satz p. Tag	Absol. Zahlen d. Periode	Zusammen-setzung d. Kost Kal.	davon Ei-weiſs %
28,59	4. XII.	15,3	250	3,6	3,6	2748	14,4
28,89	5. XII. — 6. I.	17,0	250	1,9	1,9	2792	15,9
29,2 —29,56	6. — 9. I.	25,5	250	3,1	9,3	3013	22,0
29,56—30,11	9. — 12. I.	34,0	250	4,3	12,9	3234	27,3
30,11—30,41	12. — 15. I	42,0	250	3,2	9,6	3442	31,6
30,41—31,09	15. — 19. I.	57,0	250	4,1	12,3	3676	36,0
31,09—31,54	19. — 22. I.	51,0	350	1,8	5,4	4616	28,7

Summe 55,0

ferner (Biol. Bd. V, S. 339) a. a. O.

Gewicht des Hundes in kg	Datum	Zufuhr (pro Tag)		N-Ansatz p. Tag	Absol. Zahlen d. Periode	Zusammensetzung d. Kost	
		N[1]	Fett			Kal.	davon Eiweifs %
38,25—38,15	1.—3. II. 1858	51,0	150	− 0,3	− 0,6	2736	49,9
38,15—38,34	3.—6. „	47,6	150	+ 0,2	+ 0,6	2647	46,8
38,34—38,56	6.—8. „	42,5	150	+ 1,4	+ 4,2	2515	43,9
38,56	8. „	39,1	150	+ 0,9	+ 0,9	2426	41,8
38,74—38,66	9.—12. „	34,0	150	− 0,9	− 2,7	2294	38,4
38,66—38,79	12.—14. „	82,3	150	+ 0,5	+ 1,0	2259	37,5
38,79	14. „	28,9	150	+ 0,5	+ 0,5	2161	34,7
38,83—38,78	15.—17. „	27,2	150	+ 0,5	+ 1,0	2117	33,4
38,78	17. „	23,8	150	− 1,6	− 1,6	2028	30,4
38,83	18. „	22,1	150	+ 4,0	+ 4,0	1984	28,9
38,91	19. „	18,7	150	− 0,3	− 0,3	1866	24,2
39,01—39,03	20.—22. „	15,1	150	− 3,4	− 6,8	1802	21,6
39,03—38,98	22.—24. „	13,6	150	− 2,7	− 5,4	1763	20,0

Ich bemerke im allgemeinen, dafs der erste Versuch bei enormer Nahrungszufuhr, die den Bedarf des Tieres zum Teil um das Doppelte überstieg, angestellt ist, bei dem zweiten ist die Kost nur mäfsig überschüssig, in den letzten drei Versuchen reichte sie offenbar nicht mehr zu, obgleich das Körpergewicht des Tieres nicht sank.

Trotzdem die Zufuhr an Eiweifs in beiden Fällen sehr stark ansteigt, ist in der ersten Reihe, wie man sieht, nur mäfsig vom N angesetzt, also die gauz überwiegende Masse umgesetzt worden. Bei der zweiten Reihe wurde gleichfalls nahezu alles Eiweifs umgesetzt und das Versuchstier sinkt gleichmäfsig mit Minderung der Eiweifszufuhr von seinem hohen Eiweifsverbrauch herab.

Die Versuche sind von gröfster theoretischer Bedeutung, sie sind aber für die Fundierung einer Theorie der Eiweifszersetzung kaum beachtet worden.

Das Ergebnis dieser und vieler ähnlicher Versuche, die sich anführen liefsen, ist von dem Standpunkt einer einfachen Massenwirkung nicht zu erklären. Denn obschon die Eiweifskalorien zwischen 14—50 % der Gesamtkalorien ausmachten, also in annähernd ähnlichen Proportionen am Umsatz sich hätten beteiligen müssen, ist ein aufsergewöhnlich grofser Teil des Ei-

---

1) Umgerechnet 100 Fleisch = 3,4 N.

weifses zerlegt worden. Ja wenn man Zeile für Zeile die Reihen
mit steigenden und fallenden Eiweifsmengen und gleichsinniger
N-Ausscheidung sieht, macht es doch den Eindruck als dominiere
das Eiweifs unbehindert von Fett und Kohlehydratbeigabe. Das
ist ja auch schliefslich durch eine andere Beobachtung Voits
auch erwiesen, durch die Tatsache nämlich, dafs die eiweifs-
sparende Wirkung von Zugabe von N-freien Stoffen eine sehr
unbedeutende ist.

Voit hat aus diesen Gründen und im Zusammenhang mit
den Erscheinungen bei einfacher Eiweifskost, d. h. wegen der
raschen Akkommodation des Eiweifsumsatzes an die Fütterung, wie
man wohl sagen darf, mit allgemeiner Beistimmung den Schlufs
gezogen, dafs bei Mischungen von Nahrungsstoffen zuerst das
Eiweifs zerstört werde als der leichtest verbrennliche Stoff.

Die genannten Versuche lassen übrigens die Wirkung
der N-freien Stoffe als Behinderungsmittel der Bildung zirkulierenden Eiweifses, wenn man auf diese Theorie zurückkommt,
als minimal erscheinen. Die Ursachen, welche die Eiweifsumsetzung hochhalten, müssen also weit wesent-
lichere Vorgänge sein.

Wenn man aus den oben angeführten älteren Versuchen
den Schlufs gezogen hat, dafs das Eiweifs vorweg zersetzt
werde, so ist dies im Sinne einer Verbrennung keineswegs bewiesen. Es ist zwar einfach, bei reiner Eiweifskost experimentell
den Gang der Zersetzung zu verfolgen, nicht minder leicht bei
Nahrungsgemischen, die nicht abundant sind. Versuche mit gleichzeitiger Überfütterung mit Eiweifs, Fett und Kohlehydraten sind
selbst durch einen genauen, vollkommenen Stoffwechselversuch
nicht immer sicher zu deuten, noch weniger ist ein Einblick
möglich, wenn nur der N-Umsatz wie oben berücksichtigt worden
ist. Vermehrte N-Ausscheidung bedeutet keineswegs völligen
Abbau des Eiweifses. sondern kann auch unter Umständen nur
Spaltung des Eiweifses in den N-haltigen und N-freien Teil
bedeuten.

In dem vorliegenden Falle ist es sicher, dafs nur Eiweifsspaltung vorliegt, in diesen Versuchen von Bischoff und

Voit ist der Energiebedarf aufs reichlichste durch
N-freie Stoffe gedeckt gewesen, es sind dies ganz andere
Bedingungen als wenn man Eiweiſs allein oder neben Eiweiſs
kleine Mengen N-freier Stoffe gibt.

Das Eiweiſs ist, soweit es zum Ansatz nötig war, verwertet
worden, der allergröſste Teil ist hierfür entbehrlich gewesen, als
Energiequelle war es vollends entbehrlich und hat auch nicht
weiter eingegriffen, sonst hätte sich die Bildung
von Vorratseiweiſs zeigen müssen, dies aber fehlt
teils ganz, teils so gut wie ganz.

Es ist auch durchaus kein Grund vorhanden, warum reichliche Beigabe von Kohlehydraten nicht das Eiweiſs ganz aus
dem Energieansatz verdrängen sollten, denn Eiweiſs kann
ja nur durch seine N-freie Gruppe nähren, wie Fette und
Kohlehydrate auch. Warum sollten die N-freien Gruppen
des Eiweiſses vor den anderen ähnlichen Stoffen
etwas voraushaben? Wenn auch sonst Fette und Kohlehydrate als Zugabe zu Eiweiſs die N-Ausscheidung sehr wenig
beeinflussen, so geschieht es eben auch, weil sie den Prozeſs der
Eiweiſsspaltung, der nichts mit energetischen Vorgängen zu tun
hat, nicht hindern können.

Anders liegt es bei kleinem, dem Hungerumsatz nahestehenden Eiweiſsumsatz. Hier verdrängen namentlich die Kohlehydrate das Eiweiſs aus seiner energetischen Rolle, sparen es
ein, und da Bedürfnis zum N-Ansatz vorhanden ist, sinkt die
N-Ausscheidung überhaupt.

Bei mageren Organismen haben Kohlehydrate im Hungerzustande eine kräftige eiweiſssparende Wirkung, weil Organeiweiſs
für dynamogene Zwecke eingeschmolzen wird und dieser Vorgang
durch Kohlehydrate unterdrückbar ist.

Bei reichlicher abundanter Kohlehydratfütterung ist jedenfalls der wirkliche Eiweiſsabbau immer sehr klein, er wird sich
im ganzen um das sogenannte Eiweiſsminimum bewegen, und
soweit Bedürfnis vorliegt wird Eiweiſs angesetzt werden. Als
energetisches Aushilfmittel braucht der Körper das Eiweiſs nicht.
Daher ist das Verhalten des Organismus bei Fütterung mit dieser
Mischkost ein ganz anderes als bei reiner Eiweiſsgabe.

Man besehe sich die obigen Tabellen. Der Organismus stellt sich in der ersten Reihe bei Steigerung der Eiweifsmenge gleich oder mit minimalen Änderungen auf den N-Gehalt der neuen Zufuhr ein — also kein allmählicher Übergang — und bei Verminderung der N-Menge der Kost hinkt die N-Ausscheidung nicht langsam und tagelang nach wie bei reiner Eiweifskost, sondern fällt sofort ab.

Ganz im gleichen Sinne ist die andere Versuchsreihe Voits (Biol. Bd. V, S. 339), wie sie oben aufgeführt ist, zu deuten. Der Hund hatte bei gleicher Fettmenge sinkende Fleischmengen, die 40 bis 60% der Gesamtkalorien ausmachten, erhalten.

Aus eigenen Versuchen ist mir bekannt, dafs bei 30% Eiweifskalorien die Bildung von Vorratseiweifs sehr klein ist, dagegen etwas beträchtlicher bei 60% Eiweifskalorien und 40% Fettkalorien, worauf die Verhältnisse dann allmählich bis zu den Zuständen der reinen Eiweifskost überleiten. Dabei verstehen sich diese Angaben meinerseits für Erhaltungsdiät, im Gegensatz zu abundanter Kost. Man sollte an diesen näheren Bezeichnungen hinsichtlich des physiologischen Zustandes festhalten, da sie zur Klarstellung der Versuchsbedingungen beitragen.

Ich will also in Zukunft nur von dem Eiweifs als leicht spaltbaren Nahrungsstoff sprechen, wobei die Trennung in N-haltigen und N-freien Teile gemeint ist. Die Funktion, welche diese Spaltung für die Theorie des Eiweifsstoffwechsels überhaupt hat, wurde schon bei der Eiweifsfütterung oben behandelt und als ein Energieverlust von erheblicher Bedeutung bezeichnet.

Es ist nunmehr noch nötig auf das Wesen dieser Spaltung in biologischer Hinsicht etwas näher einzugehen. Als ich erkannt hatte, dafs bei der Zerlegung der Nahrung nicht die Zirkulation das Mafsgebende ist, sondern dafs die Zellen ein bestimmtes Bedürfnis an Spannkraft haben, über welches sie auch bei reichlichstem Nahrungsangebot nicht hinausgehen, war es nötig, den Spaltungsvorzug des Eiweifses auch vom Standpunkte, ob er eine Kraftquelle darstellt, zu betrachten. Ich kam zu dem Schlusse, dafs die Spaltung in die Komponente N-haltig und N-frei nur eine unbedeutende positive Wärmetönung zeige (Zeitschr. f. Biol., Bd. XIX, S. 395 u. XXI, S. 352). Es war daher ein Vorgang, der meiner Meinung nach mit der Befriedigung der energetischen Bedürfnisse sozusagen nichts zu tun hatte, er schied aus der Betrachtung der Zellenergetik also aus. Die Spaltung des Eiweifses in seine Komponenten mufste also einen andern Grund haben.

Diese Anschauung ist später durch eine Reihe anderer Autoren gleichfalls aufgenommen worden; so von M. Gruber (Zeitschr. f. Biol., Bd. XLII, S. 414), der die Spaltung einem Ferment zuschreibt, das nach Bedarf in seiner Menge wechsle. Während des jugendlichen Alters, nach Aushungerung, in der Rekonvaleszenz könnte möglicherweise weniger eiweifsspaltendes Enzym vorhanden sein.

Ich glaube, dafs man eine solche Vorstellung sehr wohl als zulässig erachten kann, wennschon meines Erachtens ein Zwang nur auf fermentativem Wege die Spaltung zustandekommen zu lassen nicht nötig ist. Auch die Frage, wo das Ferment zu suchen sei und ob nicht etwa einzelne Organe die Spaltung besorgen, lasse ich offen. Die Spaltung besteht jedenfalls bei jeder Zerlegung des Eiweifses als Vorstufe des Abbaues und nimmt natürlich bei reicher Eiweifszufuhr einen besonderen Umfang an.

Es wäre auch denkbar, und diese Eventualität möchte ich doch noch erwähnen, dafs es sich bei der Spaltung weder um humorale noch intrazellulare Vorgänge des resorbierten Materials handelt. Cohnheim hat eine Spaltung des Eiweifses beim Durchgang durch den Darm bewiesen, allerdings einen Zerfall in N-haltige Bruchstücke verschiedener Art. Wie sie aber nach ihrer Synthese wieder zusammen gefügt sind, wissen wir nicht, vielleicht werden sie schon dort für den Zerfall in N-haltige und N-freie Teile vorbereitet, sind nur mehr locker verbunden oder schon entsprechend frei. Dann würde allerdings jede Eiweifszufuhr nur dieses gelockerte oder schon gespaltene Material liefern, und es käme auf die Bedürfnisse des Körpers an, ob er die beiden Teilstücke oder nur das eine verarbeiten will. Ist Energie notwendig, so baut er beide ab, ist das energetische Bedürfnis gedeckt, so bleibt der N-freie Rest unberührt und

wird aufgespeichert, ist Eiweils notwendig, so vollzieht er die
nötige Bindung.

Der Aufbau von Eiweils nach Zufuhr N-haltiger Spaltstücke
ist in den letzten Jahren mehrfach behauptet worden und hat
auf Grund der neueren Eiweilschemie auch keine besonderen
Bedenken gegen sich.

Dafs solche Synthesen gelingen, hat Löwi (Arch. f. exper.
Path. Bd. 48, S. 303, 1902) zuerst erwiesen; Lesser hat es für
anderes Nährmaterial bestritten (Biol. Bd. 45, 497, 1904); ähnlich
wie Lesser sprechen sich Henderson und Dean aus, während
Henriques und Hansen (Z. f. phys. Chem. 43, 417, 1905)
zum Teil Resultate wie Löwi, zum Teil negative Resultate erhalten haben.

Die gröfsere N-Ausscheidung nach Zufuhr von Eiweils würde
unter diesen Gesichtspunkten also nur bedeuten, dals die Synthese
zu Eiweils und die Fixation als Organ oder Vorratseiweils unter-
blieben ist.

Ich spreche im folgenden glattweg nur von Eiweilsspaltung, indem ich mit diesem indifferenten Ausdruck es jedem
überlasse, den einen oder anderen Modus dieses Spaltungs-
prozesses, wie ich ihn eben geschildert habe, anzunehmen. Die
Eiweilsspaltung gehört also kausal in das Problem des Energieumsatzes nicht hinein, wie sie aber trotzdem mit ihm verknüpft
ist, habe ich schon auseinandergesetzt.

Der Eiweilsumsatz wird demnach nicht immer primär aus
Gründen der stofflichen Ernährung eingeleitet, der Eiweilsumsatz
muls vielfach nicht deshalb vorhanden sein, weil ohne einen
solchen Umsatz der Organismus nicht leben könnte. Das Re-
gulationsprinzip für den Umsatz und Spaltung muls in besonderen biologischen Erfordernissen begründet sein.

Berücksichtigt man die in diesem Abschnitt zu-
sammengefalsten Tatsachen, so ergibt sich, dals die
N-Ausscheidung nach Eiweilszufuhr ganz verschiedenen Vorgängen ihre Ursache verdanken kann, einer
nutzbringenden Verwendung im Dienste eines dem Körper notwendigen Energieersatzes oder einer einfachen Spaltung, bzw. eines

durch diese Spaltung eingeleiteten Abbaues, der vom Standpunkte der Ökonomie des Organismus einer Verschwendung eines kostbaren, anders leicht zu ersetzenden Materials gleichkommt.

Da die Ursache der Eiweifsspaltung immer vorhanden zu sein scheint und jederzeit diese Umsetzung in Aktion treten kann, so darf man bei einer Theorie des Eiweifsumsatzes weit richtiger den Schwerpunkt auf die planmäfsige Feststellung der Momente legen, welche das eingeführte Eiweifs für nutzbringende Zwecke des Organismus zu verwenden gestatten. Bei dem reinen Eiweifsumsatz habe ich nachgewiesen, wie die energetischen Verhältnisse einen Verbrauch des Eiweifses in gesetzmäfsiger Weise erforderlich machen. Nunmehr mufs ich für die bei der gemischten Kost betrachtete Ernährungsform darzutun versuchen, aus welchen Gründen die anscheinend nutzlose Spaltung und Zertrümmerung des Eiweifses eintritt.

Regulation des N-Bestandes des Körpers.

Die Spaltung des Eiweifses mufs dem biologischen Zwecke einer aus bestimmten Gründen nötigen Beseitigung dieser Substanz dienen.

Soweit Fette für die energetischen Zwecke entbehrlich sind, werden sie beim Gesunden einfach in die Fettdepots abgeschoben. Auch die Kohlehydrate gehen nach einer unter Energieverlust einhergehenden Transformierung den Weg des Fettes.

Bei den Eiweifsstoffen aber müssen wir zunächst bedenken, dafs ihre Spaltung noch keine Entwertung für dynamische Zwecke bedeutet, wie auch ihre Spaltwärme unter Umständen sogar voll für den Organismus verwertet werden kann.

Die Spaltung kann also nur den Zweck haben, die Eiweifsnatur zu vernichten, um einen Nahrungsstoff, für dessen Verwertung der Organismus nur beschränkte Möglichkeiten bietet, aus der Welt zu schaffen. Die Zellen des ausgewachsenen Tieres haben eine fest begrenzte, maximale Gröfse und Säfte wie Blutstrom zeigen auch eine sehr beschränkte

Aufnahmefähigkeit für Eiweiſs. Letztere nehmen kaum 3—5 %
der Zufuhr als Vorratseiweiſs auf. Die Begrenzung des Eiweiſs-
bestandes der Zelle ergibt sich von selbst durch die Raum-
begrenzung derselben. Beim Auffüttern werden ja keine
neuen Zellen gebildet, unr die leer gewordenen wieder ge-
füllt; ein Wachstum im eigentlichen Sinne ist dies ja nicht.
Man bedarf also zu dieser Anschauung gar keiner weiteren Annahme, wie sie seinerzeit H. v. Höſslin ausgesprochen hatte.
Er meint, der erwachsene Körper suche seine lebende Substanz
in möglichst engen Grenzen zu halten, weil mit dem Wachstum
(soll Ansatz gemeint sein) ein bedeutend gröſserer Verbrauch
und eine gröſsere Leistungsfähigkeit, mit der Abnahme der
lebenden Substanz eine sehr verminderte verbunden sei. Diese
Voraussetzungen sind aber unzutreffend, wie ich schon oben gesagt habe.

Ich muſs an dieser Stelle auch gleich auf die Frage eingehen, wie weit sich der N-Ansatz der Zelle treiben
läſst. Solange es sich nur um einen normalen Aufbau herabgekommener Zellen handelt, ist diese Grenze bestimmbar. Anders
liegt es, wenn man, wie einige annehmen, eine besondere Eiweiſs-
mast im Sinne einer Glykogen- und Fettmast annehmen will. Der
Ansatz im weitesten Sinne ist zweifellos fast nie ein allgemeiner,
denn die Beobachtung am hungernden Tier zeigt uns einen ungleichen Eiweiſsverlust der Organe. Es ist aber gewiſs, daſs
noch viele Besonderheiten vorkommen werden. Der Ansatz
kann geradezu ein einzelnes Organ betreffen.

Dahin gehören die beobachteten N-Ansätze nach Arbeit von
Caspari (Pflügers Arch. LXXXIII), Bornstein (daselbst
LXXXV) sowie Atwater und Benedict (Exp. on the meta-
bolism, Washington 1899), wo hauptsächlich die Muskeln mit
Nahrung versorgt werden.

Ebenso kann durch vorherige Abmagerung, namentlich nach
Infektionskrankheiten, eine ungleiche Konsumption der Organe,
die in der Rekonvaleszenz wieder abgeglichen wird, eintreten.
Ansatz ist also ein Sammelbegriff, der je nach den Umständen
verschiedenen Inhalt besitzt. Auch hinsichtlich der Art auf die

Verteilung auf Zellen und Säfte huldigt man verschiedener Anschauung. Voit nennt deren zwei, Organeiweißansatz und
Eiweiß im Säftestrom.

v. Noorden setzt an die Stelle des zirkulierenden Eiweißes
den Ausdruck Reserveeiweiß unter gleichzeitiger anderer Auffassung der Ablagerungsstätte dieses Eiweißes. Er verlegt die
Aufspeicherung nicht in die Zirkulation, nicht in Blut und
Lymphe, sondern wie Fett und Glykogen in die Zellen, wo es
bleibt, um direkt weiter zu Ansatz oder Umsatz zu werden.
Bis hierher kann man den Auseinandersetzungen v. Noordens
ganz gut folgen, und was ich Vorratseiweiß nenne, ist etwa das
Gleiche, nur glaube ich sollte man nicht wieder zu sehr sche-
matisieren und es durchweg offenlassen, ob nicht auch das Blut
und die Lymphe beschränkte Mengen solchen Vorratseiweißes
enthalte. Spricht man aber überhaupt nur von N-Ansatz, so
kommen neben Eiweiß auch noch Retentionen anderer Stoffe
in Betracht. Bürgi und ich haben beobachtet, daß gewisse
Fleischextraktivstoffe N-haltiger Natur auch einer Retention
im Körper unterliegen, deren Ablagerungsort natürlich im Organismus ebensowenig genau anzugeben ist wie für das Vorratseiweiß. Der Punkt, worin ich mancher Beobachtung nicht ganz
folgen kann, betrifft die Quantitätsfrage dieser Retention, indem
man zwischen Fleischmast, d. h. der Bildung von Organeiweiß
in obigem Sinne, und Eiweißmast, bei der sehr viel solchen
Eiweißes im Innern der Zellen abgelagert werden soll, unterscheidet. Ich glaube durch vergleichende Untersuchungen an
verschiedenen Lebewesen soweit mich unterrichtet zu haben,
daß mir die Existenz sehr erheblicher Eiweißretentionen beim
Gesunden nicht als zwingende Annahme bewiesen erscheint.
Auch der Anschauung Pflügers, daß das ersparte und angesetzte Eiweiß immer Zellsubstanz sein müßte, kann ich
nicht beipflichten. Wie ich schon näher auseinandergesetzt habe,
ist Vorratseiweiß geradezu unter bestimmten Verhältnissen eine
conditio sine qua non für die Herstellung des N-Gleichgewichts.
Als Ablagerungsstätte größerer Eiweißmengen wird heutzutage
niemand mehr die Säfte ansehen.

Ich meine, daß gerade diese Frage der Eiweißeinlagerung
ohne gleichzeitigen Wasseransatz noch eingehender Untersuchung
bedarf, und daß sie dann noch manches interessante Ergebnis
liefern kann, möchte aber auf die Schwierigkeiten solcher Experimente noch besonders hinweisen, die darin liegen, daß bei Mast-
versuchen und Bilanzversuchen, welche sich auf mehrere Wochen
erstrecken, in Zukunft unbedingt auch die N-Abgabe durch Schweiß
bestimmt werden muß.   Bei den üblichen Stoffwechselversuchs-
tieren hat die Haut als Organ der N Ausscheidung keine Bedeutung, aber bei den Menschen und bei diesem auch dann,
wenn es zu sichtbarer Schweißsekretion nicht gekommen ist.
E. Cramer hat durch Versuche, die er in meinem Laboratorium
ausgeführt hat (Arch. f. Hyg. Bd. X, S. 231) bewiesen, daß N-Verluste
bis 0,8 g pro Tag etwas ganz Gewöhnliches sind. Man darf also,
besonders bei langen Reihen, nicht von unwesentlichen Verlusten
durch die Haut sprechen, speziell bei höheren Lufttemperaturen,
bei Bettwärme usw., können die Verluste noch weit erheblicher
werden als eben bemerkt wurde.   Die Arbeit steigert besonders
stark Verluste an N durch die Hauttätigkeit.

Die Frage der Wasserretention wäre namentlich unter klini-
schen Verhältnissen noch eingehenderer Berücksichtigung wert.
Die Art der Stoffwechselstörungen bei Infektionskrankheiten
dürfte ziemlich verwickelt sein.   Ich vermag keinen Grund einzusehen, jeden N-Ansatz über das Maß der üblichen Organ-
eiweißbildung zu bestreiten, zwingende Beweise, für den gesunden
Organismus einen solchen als eine häufige Erscheinung zu erklären, vermag ich aber nicht zu finden.

Da also beim gesunden Ausgewachsenen wenigstens nur
eine beschränkte Aufnahme von N am Körper möglich ist, so
liegt schon hierin ein Grund des differenten Verhaltens der
N-haltigen und N-freien Stoffe.

Die Beseitigung überreichlich aufgenommener Eiweißmengen
kann, wie dies auch von anderen schon angedeutet wurde, ein
Akt der Abwehr sein, um diese aus dem Körper zu entfernen,
er ist aber überhaupt der Aktionsvorgang, der für dynamogene

Zwecke den N-freien Teil zur Verfügung stellen muſs, und deshalb noch einige Worte wert.

Die Kohlehydratfütterung und die Fettfütterung neben
Eiweiſszufuhr können die Zerlegung des gröſsten Teiles des
Eiweiſses unterbinden, wenn man die definitive Zerlegung in die
Endprodukte darunter versteht, sie können dies nach meiner
Auffassung, indem sie das energetische Bedürfnis der
Zellen befriedigen.

Das Eiweiſs, über dieses Bedürfnis hinaus zugeführt, ist un-
verwendbar und muſs beseitigt werden. Es geschieht dies nicht
durch Ausscheidung in Harn und Kot, es geschieht auch nicht
durch zwecklose Verbrennung, sondern es wird nach dem
ökonomischsten Prinzip verfahren, dem Eiweiſs die
N-haltige Gruppe genommen und damit ein sonst
noch im Organismus verwertbares Material zurück-
gehalten. Dem N-freien Reste des Eiweiſses stehen
alle Wege des Ansatzes offen.

Freilich ohne Energieverlust verläuft dieser Prozeſs der
Eiweiſsspaltung nicht; derselbe ist nicht genau bekannt, aber
begrenzt angebbar. Er muſs z. B. kleiner sein als die für das
Eiweiſs von mir angegebene spezifisch dynamische (G. d.
E. V. S. 378) Wirkung, weil ja in dieser Gröſse neben der Spalt-
wärme noch die Wärmewerte für die allmähliche Umwandlung der
N-haltigen Stoffe in Harn und Kotbestandteile enthalten sind.

Die Spaltung in N-haltigen und N-freien Teil hat gar
nichts mit dem Abbau des Eiweiſses in Aminosäuren zu tun,
wie sie z. B. bei der tryptischen Verdauung sich bilden, denn es
tritt, wie Grafe in meinem Laboratorium nachgewiesen hat,
dabei überhaupt keine nennenswerte Wärmetönung auf.

Die Umwandlungen mit Abspaltung von NH_3-Gruppen
bei Aminosäuren, Diaminosäuren usw. sind aber ganz anders
zu beurteilen. In Versuchen, die ich gemeinsam mit Dr. Na-
wiasky ausgeführt habe, wurde festgestellt, daſs derartige Spaltungen als erhebliche Wärmequellen zu betrachten sind.

Wir sind also bereits auf diesem Wege einen erheblichen
Schritt vorwärts gekommen und wir erkennen damit schon besser

in diesen Vorgängen ähnliche Erscheinungen, wie wir sie für die Spaltung des Eiweißes im Warmblüter zur Voraussetzung machen müssen.

Nach der Spaltung des Eiweißsstoffs in dem N-freien Teil und in dem N-haltigen kommt für ersteren ein besonderer Abbau oder, wie man sich neuerdings ganz falsch ausdrückt, eine »zellulare Verdauung« überhaupt nicht mehr in Betracht. Die den physiologischen Chemiker vor allem interessierende weitere Umwandlung betrifft die N-haltige Komponente, die besonderer Organarbeit vorbehalten sein wird, aber nicht im energetischen Sinne, sondern im Sinne von Veränderungen, die vom Kraftbedürfnis der Zelle unabhängig sind, Veränderungen, wie sie etwa nach Art der Fermente erledigt werden können.

Das Eiweiß kann also unter Umständen in größtem Umfange gespalten werden, ohne daß man dabei vielleicht, wie schon oben erwähnt, überhaupt nur eine nähere Beziehung desselben zur Lebenssubstanz anzunehmen braucht; es kann zerlegt werden, indem der N-freie Rest dieselben Wege geht wie die übrigen N-freien Körper, Fett und Kohlehydrat. Es braucht also mit der lebenden Substanz für diese Zwecke des dynamogenen Verbrauchs und Stoffumsatzes in gar keine direkte Verbindung zu treten bzw. dieses erst dann, wenn es seine N-Gruppen abgestoßen hat.

Man soll also die energetischen Leistungen von den Stoffwechselveränderungen scharf scheiden. Die Ernährung aber wieder mit dem Sammelsurium »intrazellulare Verdauung« zu belegen, ist ein unsachgemäßer Rückschritt, gegen den man Verwahrung einlegen muß.

Funktionen des Eiweißes, Abnutzungsquote, optimaler N-Bestand der Zellen.

Wir sind jetzt schrittweise dazu gedrängt worden, weniger in dem sogenannten N-Umsatz die einzige und bemerkenswerteste Erscheinung des Eiweißstoffwechsels zu sehen; wenn sie auch am deutlichsten an die Oberfläche tritt, so sind doch vor allem die

Bedürfnisse der Zelle an Eiweiſs das Ausschlaggebende, und die Zersetzung und N-Ausscheidung ist mehr oder weniger ein Aufräumen von Stoffen, die nicht weiter mehr benutzbar sind.

Bei der Frage der Eiweiſszersetzung haben die bisher geltenden Theorien zu einseitig nur den Fall erwogen, daſs eben das im Blut und Lymphstrom nach der Resorption kreisende Eiweiſs dem Zerfall anheimgegeben sei, und man hat vor allem die Vorkommnisse der Eiweiſszerlegung in den Vordergrund des Interesses gerückt.

Die Eiweiſszerlegung ist aber nur ein Teil des ganzen Problems des Eiweiſsstoffwechsels und noch dazu kein einheitlicher, neben der Zersetzung ist die Benutzung des Eiweiſses für die Zwecke des Körpers zum Ersatz und Ansatz mindestens ebenso wichtig, ja in seinem kausalen Zusammenhang sogar der bedeutungsvollere Teil.

Gewiſs hat man schon bisher die Tatsache, daſs »angesetzt« wird nicht verkannt, denn sie drängt sich ja bei jedem Bilanzversuch natürlich so unmittelbar auf, daſs man, von den allerersten Untersuchungen des N-Stoffwechsels angefangen, gar nicht daran vorbeigehen konnte.

Ich habe ja auch schon oben der beiden »Arten« des N-Ansatzes gedacht und erklärt, wann das sog. Vorratseiweiſs zu erwarten ist, und erwähnt, wo es fehlt. Aber damit ist bei weitem nicht gesagt, was der Ansatz überhaupt für eine Rolle bei dem Ernährungsvorgang mit Eiweiſs spielt. Seine Erscheinung ist nur wenig bekannt.

Ich sehe in dem Ansatz überhaupt nicht nur eine Begleiterscheinung der Eiweiſsumsetzung im Körper, sondern eines der wesentlichen den Verbrauch und Umsatz ordnenden Elemente. Es ist ganz gewiſs nicht gleichgültig, ob man die Gesetze der Zerleglichkeit des Eiweiſses als das Primäre ansehen will, oder ob man die Kausalität anders ordnet, gerade umgekehrt als wir sie darzustellen gewohnt waren.

Ich möchte für die nachfolgenden Betrachtungen, ohne mich nur auf diesen Fall zu beschränken, vorausgesetzt wissen, daſs es sich um eine Ernährung mit mäſsigen Mengen Eiweiſs unter Beigabe von N-freien Stoffen handle, wie dies im freien Leben der Tiere und der Menschen die Regel zu sein pflegt.

Diese Ernährungsverhältnisse sind durchaus eigenartige und bedürfen gerade wegen ihrer Bedeutung für den Menschen eine besondere Besprechung. Ich stelle mir vor, daſs sich das aufgenommene Eiweiſs prinzipiell insofern anders verhält wie das aufgenommene Fett und das aufgenommene Kohlehydrat, als für den Organismus kein Anlaſs vorliegt, in erster Linie Glykogen oder Fett abzulagern, wohl aber können Gründe sehr häufig gegeben sein, welche eine Veränderung des N-Bestandes der Zellen wünschenswert und notwendig machen. Biologisch betrachtet, ist die Herstellung eines Optimums der Ausbildung der Zellen, wozu sie ja N-haltiges Material brauchen, eine wichtige Funktion, die ebenso bedeutungsvoll für den Ausgewachsenen ist, wie für die Wachstumstendenz der Zelle im Jugendzustand. Beim Eiweiſs drängt sich in der Ernährung die substantielle Frage, beim Fett und Kohlehydrat die dynamogene in den Vordergrund. Beim Eiweiſs kommt die Frage der Ablagerung schon bei Zufuhr kleiner Mengen in Betracht, bei Fett und Kohlehydraten die Ablagerung erst nach Befriedigung der dynamogenen Aufgabe. Alle Nahrungsstoffe können zur Wärmebildung, zur Arbeit, zum Ansatz verwendet werden, aber die N-haltigen und N-freien sind in ihrer Affinität grundverschieden zur lebenden Substanz. Die ersteren haben die stark ausgeprägte Neigung zum Gewebsaufbau und nur subsidiär und nach Transformation in N-freie Stoffe Verwandtschaft zu den desenergisierenden Affinitäten, bei den N-freien kommt letztere Eigenschaft in erster Linie in Betracht und subsidiär die Ablagerung.

Die Herkunft der Eiweiſsstoffe schränkt ihre physiologischen Funktionen nicht ein, koagulierte wie nichtkoagulierte Körper ver-

schiedener Konstitution, ja auch die vorherige völlige Zertrümmerung hindert ihre Verwendung nicht.

Es mögen aber zwischen Rekonstruktion und Wachstum
Differenzen bestehen. Der Bedarf des Körpers an N ist die zweite
Seite des N-Problems, die Theorie des Eiweifsstoffwechsels bliebe
ganz unvollständig, wenn wir nicht auch den Ansatz von N als
regulierendes Moment des Verbrauchs von Eiweifs mit heranziehen wollten.

Dieser Anschauung habe ich schon vor längerer Zeit Ausdruck gegeben, ich will sie aber nunmehr allgemeiner und eingehender begründen. Vor allem haben mich die Beobachtungen
am wachsenden Organismus von dieser anderen Einschätzung
der einzelnen Faktoren der Ernährung überzeugt. Erst mufs
die zugeführte Nahrung N-haltiger Natur dem un-
abweislichen Bedürfnis der Zelle an eiweifshal-
tigem Material nachkommen, dann kommen die
sonstigen für das Eiweifs früher als primäre Gründe
angesehenen Umstände der Zerlegung in Betracht.

Die Beobachtung am wachsenden Kind zeigt mit voller Bestimmtheit, dafs das normale Wachstum nicht mit grofsen Eiweifsmengen betrieben wird, sondern mit sehr kleinen, die den
Mindestbedarf des Eiweifses bei Hunger nur wenig überschreiten.
Diesen überraschenden Beweis haben Heubner und ich zuerst.
erbracht.

Die Funktion des Ansatzes und Wiederersatzes
wird erfüllt, wenn auch alle dynamischen Gründe
durch Fütterung von N-freien Stoffen für den Eiweifsverbrauch weggefallen sind.

Die Mehrung der lebenden Substanz hat mit dem
Kraftwechsel selbst nichts zu tun, d. h. beides sind
getrennte und wohl zu scheidende Funktionen. Die
lebende Substanz hat die Fähigkeit, nach Bedarf, d. h. in Abhängigkeit von ihrem wechselnden biologischen Zustand (Wachstums oder Rekonstruktionstendenz) Eiweifs abzulagern. Das
Fett, dem Voit den entscheidenden Einflufs für die Bildung von Organeiweifs zuschrieb, gewinnt ihn nur sekundär,

wenn eben Bedarf zum Ansatz sich findet, ev. Eiweiſs von der Zerstörung ausgeschaltet werden kann.

Beim Wachstum findet ein gleichartiger Aufbau aller Teile der Zelle statt, der Kernsubstanzen und des Protoplasmas, eine Erschaffung lebender Substanz. Der ganze Vorgang dieser Belebung des toten Nahrungseiweiſses kann sehr rasch vor sich gehen.

Da die Zellen nicht ausschlieſslich aus dem Material bestehen, welches die lebende Substanz im engeren Sinne darstellt, sondern auch aus eingelagerten wenn auch unentbehrlichen Stoffen (Extraktivstoffen usw.), so dürfen wir annehmen, daſs, gleichzeitig mit der Aktivierung toten Eiweiſses zu lebendem, auch andere Stoffe in dessen Verband eintreten.

Die Wachstumsaffinitäten oder jene der Rekonstruktion sind nicht mit den Affinitäten des Umsatzes identisch. Beide Gruppen hängen aber insofern sicher zusammen, daſs Wachstum und Ansatz an den Kraftumsatz der lebenden Substanz gebunden ist und ohne ihn nicht eintritt. Ja auch die Intensitätsverhältnisse zwischen beiden sind gegenseitig abgestimmt, wie ich a. a. O. beweisen werde.

Lebend ist jener Teil des Ganzen, der entweder bei den Wachstums- oder bei Stoffwechselveränderungen eine treibende Rolle spielt. Zu letzteren gehören natürlich auch sekretorische Äuſserungen.

Ob bei der Aktivierung des Nahrungseiweiſses eine unmittelbare Angliederung an das Lebende der primäre Akt ist oder ob dieselben Fernkräfte, welche die Anziehung vermitteln können, im benachbarten Eiweiſs bereits Änderungen in der Stellung der Atomgruppe, wie sie zur Eingliederung in die lebende Substanz notwendig sind, hervorrufen können, entzieht sich vorläufig der Erkenntnis.

Diese Anziehungskraft ist zweifellos eine mit dem Alter der Zelle variierbare. So hat die jugendliche Zelle ein starkes Verlangen nach Eiweiſs, dies ist der Ausdruck für die Wachstumsgeschwindigkeit und Energie.

Ich habe zuerst beim Säugling darauf hingewiesen, daſs dieser so auſserordentlich energisch Eiweiſs absorbiert, daſs er nur zwei Funktionen des Eiweiſses, den Ersatz von verloren gegangener Eiweiſssubstanz (Abnutzungsquote) und das Wachstum zu befriedigen pflegt, und daſs der dynamogene Verbrauch des Eiweiſses bei Muttermilch unbedeutend und verschwindend ist.

Man kann daher, wie man in der pädiatrischen Literatur mehrfach zu übersehen scheint, in solchen Fällen von einem Eiweiſsstoffwechsel nur im allerbeschränktesten Umfange reden, denn die Abnutzungsquote ist in ihrer Gesamtheit nicht identisch mit dem sonstigen Eiweiſsstoffwechsel, wie er bei reichlicherer Eiweiſszufuhr eintritt.

Um keinen Zweifel über den Begriff »Abnutzungsquote« aufkommen zu lassen, will ich kurz anfügen, was ich darunter meine. Im wesentlichen deckt sich der Begriff mit den Beschreibungen, die man von dem N-Verlust bei Hunger gegeben hat. Es sind Verluste durch Haare, Speichel, durch die Abschieferung des Epithels des Verdauungstraktus, der Bildung von Schweiſs und anderer Sekrete (Verdauungsdrüsen). Auſser diesen also näher zu beschreibenden Dingen haben alle Zellen das Gemeinsame, daſs sie bei ihrer Tätigkeit einen bestimmten Prozentsatz an N einbüſsen, und diese Gröſse hat man, wie ich glaube, bisher weniger bedeutungsvoll angesehen. Wie ich mich durch Versuche auch an einzelligen Wesen überzeugt habe, findet man auch bei diesen die »Abnutzungsquote« des N ebenso wie bei den höher Organisierten. Bei ihnen läſst sich auch schärfer zeigen, daſs diese eine Funktion der Lebensenergie ist und mit dieser wächst und fällt. Für die Warmblüter kann man auch keinen anderen Schluſs ziehen, denn die Abnutzungsquote, d. h. der N-Stoffwechsel bei ausschlieſslich N-freier Kost und bei Ausschluſs dynamogener Verwendung des Eiweiſses verhält sich bei groſsen und kleinen Tieren wie ihre respektiven Kraftwechselintensitäten. Sie ist also auch hier eine Funktion der Lebensintensität.

Bei ausschließlicher Zuckerkost vermag man c. p. die Kalorien, die aus dem Umsatz von Eiweiß stammen, auf rund 4% der Gesamtkalorien herabzudrücken. Pro Kilo berechnet werden also die Abnutzungsquoten um so größer, je kleiner das Tier ist. Analoges kann ich für die Einzelligen dartun.

Unter dynamogenem Verbrauch verstehe ich jenen Teil von Eiweiß, der keine spezifische Funktion entfaltet, sondern ebensogut durch Fett oder durch Kohlehydrat ersetzt werden kann. Die sparsamste Verwendung von Eiweiß ist die nur zu dem Zwecke des Wiederersatzes oder zum Wachstum erforderliche Quote.

Unter Eiweißumsatz im Sinne der alten Stoffwechseltheorie ist die Abnutzungsquote und der dynamogene Verbrauch zusammengefaßt worden.

Man hat auch lange Zeit die Meinung vertreten, als sei der Wiederersatz von im Hunger zu Verlust gehendem Eiweiß in gleichen Mengen durch Nahrungseiweiß nicht möglich. Inzwischen dürfte man wohl allgemein einen solchen Ersatz, geeignete Nahrungsmischung vorausgesetzt, nicht mehr bezweifeln.

Ich muß an dieser Stelle noch auf die Arbeiten Landergreens eingehen, der für die Funktionen des Eiweißverbrauchs eine etwas von meiner Auffassung abweichende Anschauung ausgesprochen hat. (Skand. Arch. f. Phys., 1903, Bd. XIV, S. 169.)

Er meint, daß es für den Organismus ein unbedingt notwendiges Minimum an N-Verbrauch gebe, das durch Kohlehydrat und Fettfütterung erreicht werden könne; diese Größe würde also dem entsprechen, was ich die Abnützungsquote heiße. Weiter nimmt er an, daß eine gewisse Eiweißmenge notwendig sei, um durch Zerlegung Zucker zu bilden. Der Körper brauche sehr kleine Zuckermengen, die Quelle dieses Zuckers müsse bei Fettfütterung das Eiweiß abgeben, bei Kohlehydratzufuhr aber falle die Notwendigkeit dieser Eiweißzerlegung weg. Den hierauf treffenden N-Anteil nennt er den Dextrose-N. Dieser Anschauung vermag ich nicht beizutreten. Der Unterschied im Eiweißumsatz bei Fett oder Kohlehydrate beruht offenbar darin, daß der Zucker und die leichtlöslichen Kohlehydrate gründlicher den N-Zerfall aus dynamogenen Gründen hindern wie das Fett. Ich habe mich oft überzeugt, daſs wenn Stärke durch Rohrzucker vertreten wird, die N-Menge in dem Harn geringer wird.

Die dritte Gruppe des N-Verbrauchs nennt Landergreen den Komplementär-N, dieser N-Verbrauch ist identisch mit dem, was ich dynamogenen Verbrauch nenne.

Kehren wir nunmehr zur Betrachtung der Anziehungskraft für Eiweiſs zurück.

Die starke Affinität zu Eiweiſs ist besonders bei den Mikroorganismen ausgeprägt und erlaubt ihnen höchst verdünnte Nährstoffe noch auszunutzen. Sie ist ferner besonders hervortretend beim Wachstum der Tiere. Wir finden sie aber auch offenbar bei den Ausgewachsenen und unter geeigneten Bedingungen, ebenso wie beim Kinde nur einen Verbrauch für die ›Abnutzung‹ und den Wiederersatz.

Bleibt es bei dem einfachen Ersatz der Abnutzungs-quote, so gelangt man zu einem Minimum des Eiweiſsverbrauchs. Ein solches deckt sich aber nicht immer mit dem Hunger-N-Verbrauch, weil ja bei Nahrungsentziehung sehr häufig, manchmal sogar ausschlieſslich der dynamogene Verbrauch durch Organeiweiſs gedeckt werden muſs, da der Körper nicht immer ausreichend Fett zur Verfügung hat.

Der N-Bestand der Zelle kann durch ungenügende Nahrungs-zufuhr überhaupt (vollkommene Inanition) oder durch partielle Inanition gestört werden. Dabei können zwei verschiedene Vor-kommnisse, die ihrer Wesenheit nach verschieden sein können, eintreten. Es kann z. B. der Nahrungsbedarf so weit gedeckt sein, daſs nur die Abnutzungsquote ganz oder teilweise unersetzt bleibt, oder es kann, weil es an Verbrennungsmaterial fehlt, vor-kommen, daſs ein Teil der betroffenen Zellen abstirbt. Beide Vorkommnisse brauchen chemisch in ihren Wirkungen keineswegs identisch zu sein, da die Abnutzungsquote andere Teile trifft, als das Absterben eines Zellpartikelchens es darstellt.

Dieser N-verlust der Organe, d. h. das Absterben von Zell-teilen, verändert die Beschaffenheit der Zelle selbst, verändert

ihre biologischen Eigentümlichkeiten wie die Resistenz gegen
Bakterien und Protozoen, sie hinterläfst aber auch die Eigenschaft
einer Ausgleichstendenz. Jede Zelle hat einen optimalen
Bestand ihrer anatomischen Beschaffenheit und ist bestrebt, dieses
optimale Gleichgewicht immer wieder zu erreichen. Ob letzteres
für alle Alterszustände des erwachsenen Individuums dasselbe
ist, das hat man bis jetzt weder diskutiert noch untersucht.
Manche Beobachtungen an alten Personen könnten für eine
solche Minderung des optimalen Gleichgewichts angeführt werden,
allein wir wissen zu wenig von den Änderungen der Resorptions-
gröfsen im Alter, wir wissen auch zu wenig von der Art des
Säftestroms um sagen zu können, worin die primäre Ursache für
gewisse Alterserscheinungen der Zelle zu suchen sind.

Ich nehme also an, dafs es einen oberen Grenzwert des
Nährzustandes der Zelle gibt, und ebenso gibt es einen unteren,
nämlich den, bei welchem, theoretisch gesprochen, das Leben
eben noch möglich ist, während der weitere Verlust sofort den
Tod bedingt. Wohin die beiden Grenzwerte wirklich zu verlegen
sind, ist vorläufig gleichgültig; aber so viel ist sicher, dafs
Minimum und Optimum etwa soviel auseinanderliegen, als an
N-Verlust im Hungerzustand von einem früher gut genährten Tiere
ertragen wird, rund etwas mehr als 50% Abnahme. — Die Abweichungen vom optimalen Ernährungszustand müssen bei geeigneter Nahrung eine Ursache zum Wiederansatz werden, und
sie bilden zweifellos einen derjenigen Zellfaktoren, welche die Benutzung des Eiweifses der Zufuhr beherrschen. Gespalten und
zersetzt wird nur was nicht gebraucht wird.

Ob nun diese aufserhalb der Säuglingsperiode
sich erhaltende Rekonstruktionstendenz bedeutende
Wirkungen erzielt, ob diese gleichmäfsig oder un-
gleichmäfsig mit dem N-Verlust der Zelle wachsen —
das sind alles Fragen, die man nur experimentell er-
ledigen kann, da bis jetzt geeignete Experimente um so
weniger angestellt wurden, als man diese hier entwickelten Gesichtspunkte nicht für aktuell hielt.

Gegen die Annahme, daſs der Anziehung des Eiweiſses ein
primärer Einfluſs auf die Regulierung des Verbrauches von N-
haltiger Nahrung zugebilligt werden kann, scheint vor allem
die Beobachtung Voits zu sprechen, daſs bei ausschlieſslicher
Eiweiſszufuhr das niedrigste N-Gleichgewicht erst erreicht wird,
nachdem ein Mehrfaches von dem im Hunger verbrauchten
Eiweiſs zugeführt worden ist. Wozu der groſse N-Aufwand, um
einen N-Verlust zu verhüten?

In diesen Experimenten tritt die dynamogene Wirkung des
zugeführten Eiweiſses so prägnant hervor, daſs man gezwungen
ist, diese in die erste Reihe zu stellen. Die Erklärung liegt
hier in der Überschwemmung des ganzen Säftestroms mit Eiweiſs, wodurch das Fett zum groſsen Teil aus der Verbrennung
verdrängt wird, so daſs in späteren Perioden des Tages nicht
mehr genügend Eiweiſs zur Verhütung des N-Verlustes gegeben
ist. Der Ansatz von Eiweiſs als lebende Substanz, so kann man
annehmen, wird in der Zeiteinheit begrenzt sein, und deshalb,
nicht weil dieser Vorgang unwesentlich ist, vermag er sich bei
zeitlicher Überladung der Säfte mit Eiweiſs nicht ausreichend
zu äuſsern. Ich vermag daher in den eben angeführten Beobachtungen über das kleinste N-Gleichgewicht bei ausschlieſslicher N-Zufuhr keinen Grund, der der Bedeutung des N-Ansatzes
als regulierendes Prinzip des Eiweiſsverbrauches wiederspräche,
zu sehen.

Das Unzulässige der Verallgemeinerung der Schlüsse aus
reiner Eiweiſsfütterung ergibt sich ja ohne weiteres durch die
bei Zufütterung von Fett und Kohlehydrat beobachtete Erscheinung der viel kleineren N-Gleichgewichtszahlen, die bis auf
den Hungerverbrauch selbst heruntergehen können.

⫯[All dies sind keine Gegenargumente. Wenn man die
treibenden Kräfte des Stoff- und Kraftwechsels sehen will, muſs
man sie auch am richtigen Orte suchen. Wenn ich durch Kohlehydrat und Fettgabe das energetische Bedürfnis der Zellen
befriedige, so wird sich zeigen, was das Eiweiſs seine Arbeit
nennt. Und öfter noch als unsere Methodik es besagt, wird die
Zelle den Versuch machen, ihren Bestand zu verbessern.

Das Stoffwechselergebnis eines N-Gleichgewichts, einer N-Abgabe sogar, ist nur das Endresultat verschiedener Prozesse in dem Körper. Es kann in beiden Fällen ein Ansatz von Eiweiß im Körper stattgefunden haben, der sich aber dann nur auf die ersten Stunden eines Versuchstages erstreckt haben mag. Die Anziehung von Eiweiß durch die Zellen muß man als eine stets wirkende Erscheinung ansehen. Die ersteren sind andauernd bemüht, ihren Ernährungszustand auf ein Optimum zu heben. Meine Anschauung scheidet sich durchaus von jener, die auch manche Autoren ausgesprochen haben, daß alles in den Blutstrom und Lymphstrom kommende Eiweiß erst Zellbestandteil wird, um dann seine weitere Verwendung zu finden.

Die Zustandsänderungen des Zelleibes, sind in der Zeiteinheit betrachtet, stets nur mäßige, begrenzte. Die Zustände N-Gleichgewicht, N-Abgabe sind vereinbar mit einem Bestreben der Zellen ihren Ernährungszustand zu heben in den ersten Stunden nach der Nahrungsaufnahme und einem N - Verlust in den späteren Stunden des Tages (24 Stunden-Perioden). Für die Zelle und ihre Ernährung gibt es keinen 24 stündigen Versuchstag, sondern Ernährungsperioden von sehr kurzer Dauer, die also sehr variabel sind. Der Stoffwechselphysiologe hat nun aus Gründen seiner Technik sich zu Bilanzversuchen 24 stündiger Periode entschließen müssen.

Die erste Frage, welche uns experimentell beschäftigen kann, betrifft das Bedürfnis der Zelle an Eiweiß. Ist es gleichbleibend, oder nach dem Ernährungszustand wechselnd?

Diese Lösung wird nicht nur von hohem theoretischen, sondern auch von praktischem Werte sein, da hiermit natürlich auch das Problem des »Eiweißminimums« zusammenhängt. Dort wo das Eiweiß begierig verlangt wird, ist auch mit weniger Eiweiß in der Zufuhr auszukommen, und dort wo die Anziehung gering ist, wird mehr geboten werden müssen.

Es handelt sich um vergleichende Versuche über die Anziehung für N-haltiges Material; ich habe einer Mischung von

Fleisch und Fett, weil sie am besten von Hunden ertragen wird, den Vorzug gegeben, gegenüber einer Beigabe von Kohlehydraten.

Ich ließ das Versuchstier bei Fettfütterung an Eiweiß verarmen und schob in diese Reihen kurze Perioden mit reiner Fleischfütterung, die so abgestimmt waren, daß sie dem im Fettversuch jeweils gefundenen N-Umsatz entsprachen. Aus den Experimenten läßt sich dann berechnen wie viel 100 Teile gefütterten Fleisches an Körpereiweiß erspart haben. Wäre der Eiweißbedarf nur von der Organmasse direkt abhängig, so würde im Verlauf eines solchen Versuches stets derselbe Nutzeffekt gefütterten Fleisches gefunden werden müssen.

Wechselnde Anziehung der Zelle für Nahrungseiweiß.

Die Versuche sind in der Reihenfolge, wie sie ausgeführt wurden, in der Generaltabelle am Schlusse dieser Arbeit mitgeteilt (s. S. 73). Ich schicke zunächst die Beobachtungen voraus, die sich in diesen langen Reihen bei ausschließlicher Fettfütterung ergeben haben.

Die einfachste und zugleich sicherste Art der Darstellung der Versuchsergebnisse ist die, daß man den Umsatz nicht auf das Körpergewicht, sondern auf den jeweiligen N-Bestand des Körpers bezieht. Ich habe diesen Weg zuerst mit Erfolg bei Stoffwechseluntersuchungen bzw. Hungerversuchen eingeschlagen, indem ich in kontinuierlicher Reihe die N-Ausscheidungen maß und dann am Ende der Reihe das Hungertier auf N untersuchte. So ließ sich für jeden Zeitmoment genau sagen, wie das lebende Tier zur Zeit des Experimentes aufgebaut war.

Dies Verfahren ist auch später zu ähnlichen Fragen von E. Voit angewendet worden. In analoger Weise, wie für den N, habe ich diesen Weg seinerzeit auch eingeschlagen, um den jeweiligen Fettgehalt der Tiere zu bestimmen; hierzu sind fortlaufende Respirationsversuche nötig. Für die vorliegende Arbeit ist es erwünscht, in solcher Weise für den N zu verfahren, weil ich dann durch Berechnung des Ansatzes von N oder der N-Abgabe genau die Veränderung des Körpers angeben kann.

Ich mußte in den hier vorliegenden Reihen aber auf die Tötung des Tieres verzichten und bin daher genötigt, eine Mittelzahl für den N-Gehalt des lebenden Tieres anzunehmen, was nur genähert richtig ist aber trotzdem den Vorteil einer genügend sicheren relativen Berechnung bietet. Auch die absoluten Werte dürften von der Wahrheit nicht weit abweichen, sie sind jedenfalls genauer als die Reduktion auf das Körpergewicht, mit der man sonst operieren müßte. Ich habe im Durchschnitt 30 g N pro Kilo Tier zugrunde gelegt, was einem mäßigen Fettgehalt desselben entsprechen wird, wie mir durch Analysen bei Kaninchen und anderen Tieren bekannt ist.

Ich gebe zunächst die Zahlen der Fettreihe (S. 73), in verschiedene Perioden zerlegt.

Rechnet man je auf den **Anfangsbestand** an N den N-Verlust in einer **dreitägigen Periode reiner Fettfütterung**, so hat man, in Gramm ausgedrückt:

I.

Anfangsbestand 365,4 g N, Verlust Harn $+$ Kot 14,31 g $= 3,91\%$
    des Anfangsbestandes,

läßt man den ersten Tag weg, so hat man

358,3 N-Bestand Umsatz in 2 Tagen 7,22 $= 2,01\% = 3,00\%$ für
    3 Tage des Anfangsbestandes.

II.

Anfangsbestand 348,9 g, Umsatz 9,33 g $= 2,40\%$ für 3 Tage.

III.

Anfangsbestand 336,0 g, Umsatz 9,22 g $= 2,74\%$ für 3 Tage.

IV.

Anfangsbestand 325,0 g, Umsatz 8,87 g $= 2,71\%$ für 3 Tage.

Also:

I. 3,00%
II. 2,40% } 2,71 % in je 3 Tagen = 0,90% pro Tag
III. 2,74%   N-Verbrauch des Anfangsbestandes.
IV. 2,72%

Der N-Umsatz geht demnach in jeder Periode dem jeweiligen N-Bestande proportional. — Gesamtverlust an N = 13,5%.

In der darauffolgenden reinen Hungerreihe (19. u. 20. VI.) werden verbraucht bei 316,2 Anfangsbestand 10,55 g N = 3,33% N pro 3 Tage = 1,11 % N pro Tag.

Das Fett hat also hier schon einen den Eiweifs-verbrauch dämpfenden Einflufs. Der Körper des Tieres ist also jedenfalls nicht fettreich gewesen und auch nicht fettreich geworden.

Der N-Zerfall ist bei Fettfütterung sozusagen noch gleich-mäfsiger als ich ihn bei reinem Hunger gesehen habe (Z. f. Biol. Bd. XVII, S. 225). Es verbürgt eben die Erhaltung eines gleich-mäfsigen Fettbestandes diese aufserordentlich gleichmäfsige Ei-weifszersetzung.[1])

Berechnen wir nun den Nutzeffekt kleinster Eiweifs-fütterungen, so ist der Erfolg ein ganz ungleicher, je nach dem Körperzustand. Je weiter fortgeschritten die N-Verarmung ist, desto gröfser ist der Nutzeffekt kleiner Eiweifs-mengen, desto kleiner also das, was man das physiologische Minimum nennen kann.

In Serie I (S. 73) Reihe (3. u. 4. VI.)

waren an den Fleischtagen im Mittel   4,08 g der N-Umsatz
und zugeführt wurde . . . . . .   3,06 g
also noch vom Körper abgegeben   .   1,02 g N.

---

1) Ich füge hier noch an, dafs die Körpergewichte des Hundes nicht immer mit dem Ansatz im Einklang stehen. Dies liegt daran, dafs die Wassermenge im Körper gewissen Schwankungen unterliegen, wie man es bei kleinen Hunden gar nicht so selten sieht.

Der Umsatz der Fettfütterungstage vor und nach dieser Periode war . . . . . 2,99 g N,

da im Fleischversuch nur 1,02 g N vom Körper abgegeben waren hat 3,06 g Fleisch N . . 1,97 Körper N erspart, oder der Nutzeffekt ist 64,4 % gewesen.

Viel größer war die Wirkung des Fleisches, als der Hund nur mehr 306 g N am Körper hatte (21.—29. VI., S. 75). Der Nutzeffekt war ein maximaler, d. h. der Umsatz bei N-Zufuhr und der Umsatz bei Hunger deckte sich glatt. Versuch 8. und 9. VI. und 13. und 14. VI. sind mit ausgewaschenem Fleisch angestellt worden. Der Nutzeffekt berechnet sich auf:

am 8—9. VII. 58,5 %
und später 74 %.

Die Experimente unterstützen also die Annahme, daß das Eiweißbedürfnis (Minimum) um so kleiner wird, je stärker der N-Verlust war, der vorausging (selbstredend stets auf den gleichen N-Bestand gerechnet).

Ich bemerke, daß man noch eine andere Art der Berechnung anwenden kann, indem man für den jeweiligen N-Bestand vor und nach der Fleischgabe den N-Verbrauch im Fettversuch aus der Tatsache berechnet, daß auf 100 N am Körper 2,72 % N in 3 Tagen (wie oben bestimmt) verbraucht werden; dadurch eliminiert man kleine Unregelmäßigkeiten der Experimente; man hat dann

Fleischversuche	ausgewaschenes Fleisch
3.—4. VI. 68,9 %	8.—9. VI. 50,7 %
21.—29. VI. 100 %	13.—14. VI. 71,8 %

als Nutzeffekt.

An Fettreihe in I. Reihe (S. 73) schloß sich dann eine 9 tägige Fütterung mit Fett und kleinen Eiweißmengen (S. 74), welch letztere den Bedarf nur wenig überschritten. Es zeigt sich, daß nunmehr, wie oben erwähnt, ein Gleichgewicht durch diese kleine Fleischmenge erreicht werden konnte, während eine solche Fleischgabe sonst unter gleich·

zeitigem Eintreten einer N-Vermehrung in den Ausscheidungen sich als unzureichend hätte erweisen müssen.

Dafs der abgehungerte Körper nunmehr mit der kleinen, den Hungerbedarf kaum überschreitenden Eiweifsmenge[1]) reichte und eben nur soviel N verbrauchte als er sonst im Eiweifshunger- zustande umsetzte, ergibt sich auch, wenn man berechnet wie- viel der Hund pro 100 N am Körper umgesetzt hat und diesen Wert mit den analogen des Eiweifshungers vergleicht.

Der N-Verbrauch war am 21.—29. VI. pro 100 N-Bestand des Körpers für je 3 Tage berechnet:

I. Bestand 305,6 g N   Verbrauch 6,82 g N = 2,23% ⎤
II.   »   312,4 » »   »   9,51 » » = 3,07 » ⎬ vom Bestand
III. »   321,9 » »   »   9,20 » » = 2,85 » ⎦

Mittel 2,72% des N-Bestandes.   Dieser Mittelwert entspricht genau dem N-Verbrauch bei reiner Fettkost.

Das Ergebnis bestätigt wieder die bereits be- sprochene Tatsache, dafs die Gewebe, wenn sie vor- her viel N eingebüfst haben, jetzt mit gröfserer Be- gierde den N ansetzen.

Die vorliegenden Experimente sind vollauf beweisend, um aber jeden Einwand abzuschneiden, dafs es sich um Zufällig- keiten gehandelt habe, wurden die Reihen später nochmals in analoger Anordnung wiederholt (Ser. II s. Tabelle S. 77). Be- trachten wir zunächst die Fettreihe hinsichtlich der N-Ausschei- dung (in dreitägigen Perioden zusammengefafst). Wir erhalten:

Periode	Anfangsbestand	Umsatz für 3 Tage	
I	319,6 g N	11,40 g = 3,56 %	⎤
II	306,2 »	7,31 » = 2,38 »	⎥
III	297,0 »	7,73 » = 2,60 »	⎬ 2,51 % p. 3 Tage
IV	287,0 »	7,84 » = 2,73 »	⎥
V	277,0 »	6,44 » = 2,32 »	⎦

---

1) Das Eiweifs machte 15% der Gesamtkalorien aus.

Läßt man die erste Versuchsperiode, weil unter dem Einfluß einer größeren Fleischmenge stehend, außer Betracht, so sind die Zahlen wenig von dem früheren Mittelwert 2,72% abweichend. Die Berechnung des N-Bestandes ist nur ein Näherungswert, was ich schon oben auseinandersetzte. Das Anfangsgewicht des Tieres war in dieser Reihe kleiner als das Endgewicht der ersten Fettreihe. Immerhin wird in der Tat der N-Bestand kaum erheblich größer gewesen sein können als hier angenommen wurde. Kleiner kann er nicht gewesen sein, weil ja das Tier kein Fett anzusetzen in der Lage war. Sicher ist während der Fettperiode so gut wie kein Fett abgegeben worden. Die N-Abnahme betrug bei 365,4 N Anfangsbestand und 271 g N Endbestand = — 25,75%. Die Abmagerung war also, was das Eiweiß anlangte, bedeutend.

Die Wertigkeit der Fleischzufuhr war: 100 Teile Eiweiß ersetzen

28. u. 29. VII. 56,1 Hunger N
 2. u. 3. VIII. 55,1   ›
 7. u. 8. VIII. 63,2   ›
12. u. 13. VIII. 78,6   ›

Der Verlauf der Experimente entspricht also den früheren Ergebnissen.

In jeder Reihe nimmt mit Abnahme der N-Menge des Körpers die Verwertung des zugeführten Eiweißes für den Körper zu. Die beiden Reihen lassen sich aber nicht in dem Sinne verwerten, daß der N-Bedarf für den Ersatz ein Minimum darstellt, das direkt proportional mit der absoluten Menge des Körper-N fällt. Beide Reihen sind dadurch ungleich, daß das eine Mal Ser. I lange Zeit gemischte Kost, bei Ser. II Fleischfettfütterung vorhergegangen war. Ob dies eine Ursache für das verschiedene Verhalten der Serien I und II bildet, muß dahingestellt bleiben.

Ich schließe also nur, daß bei sinkendem N-Bestand des Körpers die Erhaltung mittels kleiner Eiweißmengen erleichtert wird, woraus folgt, daß der Eiweißbedarf nicht proportional

der Körpermasse ist, sondern schneller als die Masse aufsteigend
wächst. Die Unterschiede sind sehr erheblich.

Es liegen meines Wissens keine längeren Reihen mit einfacher Fettfütterung am Hunde vor. Es kann aber von Interesse
sein, solche Versuchsbedingungen zu kennen, die einen absolut
gleichmäfsigen N-Verbrauch garantieren. Dies ist bei dieser
Fettfütterung meines Hundes der Fall gewesen. Aufser den
oben mitgeteilten Experimenten habe ich noch eine dritte Serie
S. 80 durchführen lassen. Vergleiche ich nochmals N-Bestand,
absoluten und relativen N-Umsatz, so ergibt sich

Ser. I. Periode	N-Bestand g	N-Umsatz g	auf 100 N im Körper umgesetzt	
I	358,3	9,83	3,00	
II	348,9	9,33	2,40	2,71
III	336,0	9,22	2,74	
IV	325,0	8,87	2,70	
Ser. II				
I	314,1 (2. u. 3. Tg.)	7,38	(2,34)	
II	306,2	7,31	2,38	
III	297,0	7,73	2,60	2,51 (248)
IV	287,0	7,84	2,73	
V	277,0	6,44	2,32	
Ser. III.				
I	183,0	5,32	2,89	
II	176,7	5,05	2,85	2,75
III	170,2	4,26	2,51	

Die Fettreihen sind fast bis zum Tode des Tieres fortgesetzt
worden, da es allmählich von 358,3 N-bestand auf 166 herunterkam,
sank es auf 46,3 % des früheren N-Bestandes und hatte 53,7 % N
eingebüfst.

Bei genügender Fettzufuhr tritt also zu keiner Zeit
eine Änderung des N-Verbrauches ein; wenn man denselben auf den N-Bestand des Körpers reduziert, so
erhält man ganz gleichbleibende Zahlen.

4

Die Versuchsanordnung ist also eine sehr geeignete, um Experimente, die den Eiweifsstoffwechsel betreffen, anzustellen und besser als die Einschaltung von Hungerreihen, wenn es sich um längere Versuche handelt, weil diese den Fettbestand zugleich alterieren.

Beziehungen zwischen Stickstoffumsatz und Stickstoffansatz.

Im Verlaufe einer Fütterung mit eiweifshaltiger Nahrung vollzieht sich bei einem unteroptimalen Eiweifsbestande der Zellen ein Stickstoffansatz. Dieser Ansatz wird bei Mischungen von Eiweifs und N-freien Stoffen Organeiweifs sein. Der Körper wird aber allmählich in den Zustand der Eiweifssättigung übergeführt, die besser genährten Zellen werden schliefslich den zum Eiweifsansatz verfügbaren Teil der Nahrungszufuhr nicht mehr angreifen, und dieser mufs dann der Zerstörung, mindestens der Spaltung anheimfallen. Damit wird N-Gleichgewicht hergestellt.

Dies ist logischerweise der Verlauf der Umsetzungen nach N-haltiger Nahrung, wie man sich ihn nach den allgemeinen oben gegebenen Erwägungen und den Experimenten über die Eiweifsanziehung vorstellen kann.

Neben diesem N-Ansatz, der in seiner Menge stetig abnimmt, und dem Verfügbarwerden von N-Substanz für den Umsatz bedingt der Neuanwuchs selbst ein erhöhtes Bedürfnis an Eiweifsstoffen und vermindert dadurch zugleich den für Ansatz verfügbaren Anteil der N-haltigen Stoffe. Diese Ansprüche sind aber total verschieden, denn lassen wir den Ansatz wie bei dem Kinde mit einem minimalen Überschufs über die Abnutzungsquote erfolgen, so beansprucht das neue Organ auch nur seiner Masse entsprechend so viel Eiweifs, als dem Abnutzungsbedarf entspricht. Dies ist ein Fall, und zwar der von der Natur für den Ansatz beim Wachstum gewählte, in welchem am ökonomischsten verfahren wird, und auch bei einfacher Regeneration am längsten nutzbringend »angesetzt« werden kann.

Jedes andere Nährstoffverhältnis mufs sich durch eine gröfsere Geschwindigkeit der Einstellung in ein N-Gleichgewicht auszeichnen, denn in jedem anderen Falle, also bei jeder relativen

Vermehrung des Eiweiſses in der Kost nimmt dieses an dem dynamogenen Verbrauch teil, und das neugebildete Organ erhebt selbst, indem es sich ernähren muſs, Anspruch auf Befriedigung seines Kraftwechsels. Bedarf es, wie angenommen, der dyna- mogenen Leistung von Eiweiſs, so nimmt der Vorrat bald ein Ende, besonders rasch bei alleiniger Eiweiſsfütterung.

In diese · beiden Grenztypen lassen sich so ziemlich alle möglichen Fälle der Ernährung mit einbegreifen.

Eigenartig in seinem Vorgang würde nun folgendes Ernäh- rungsproblem sich gestalten:

Denkt man sich eine so reichliche Fütterung von Kohlehydrat und Fett, daſs dadurch alle dynamischen Ansprüche reichlich gedeckt sind und dazu noch Eiweiſs gefüttert, so liegt der Fall ein- facher Eiweiſsspaltung vor. Daneben wird Organmasse aufgebaut; was diese an Eiweiſs für ihre Abnutzungsquote beansprucht, kann sie, ohne den Eiweiſsumsatz zu erhöhen, einfach entnehmen, in- dem sie die sonst nutzlose Eiweiſsspaltung in ihre Dienste stellt, und das Eiweiſs zum Wiederersatz verwendet.

Das sonst vergeudete Eiweiſs wird einer physiologisch zweck- mäſsigen Verwendung zugeführt, ja es wird sogar der Ansatz selbst seine Bedürfnisse so decken können, daſs er die Spaltung eines Teiles des Nahrungseiweiſses verhütet, weil er dasselbe durch Organbildung den zerlegenden Einflüssen entzieht.

Welche Art der Eiweiſszersetzung oder Spaltung nach Ana- logie der eben geschilderten Möglichkeiten auch gegeben sein mag, sie wird sich in dem Sinne zahlenmäſsig äuſsern, daſs pro 100 Teile N am Körper dieselbe Gröſse des Umsatzes sich zeigen wird, da das neu erzeugte Organ die gleichen Ansprüche an die Nahrungsversorgung macht wie die vorher schon be- stehende Zellenmasse.

Wenn jedoch die Anziehung für Eiweiſs mit dem Ansatz an sich schwächer wird, so findet mit Zunahme des Eiweiſs- reichtums des Körpers eine Begünstigung der Eiweiſsspaltung oder Zersetzung statt, die sich in steigenden Werten des Eiweiſs- umsatzes pro 100 Teile Körper-N äuſsern muſs.

4 *

Dies läfst sich an der Hand geeigneter Versuchsreihen entscheiden. Am günstigsten wird es hierfür sein, die Eiweifsmengen so — neben N-freien Stoffen — zu wählen, dafs die Ansatzmöglichkeit eine sehr günstige ist und ein Überschufs über diesen Ansatzbedarf möglichst vermieden wird.

Die Grenze, bei der man solche Wirkungen voraussetzen kann, läfst sich aus den bisherigen Erfahrungen einigermafsen bestimmen. Sie mufs bei Eiweifsfettmischungen über einem Gehalt von 15% Eiweifskalorien liegen, denn bei diesem wird, wie meine Versuche zeigen, knapp noch etwas unter günstigem d. h. niedrigem N-Bestand des Körpers angesetzt. Bei Eiweifskohlehydratmischungen haben die Versuche von Heubner und mir am Säugling schon bei 7% Eiweifskalorien Ansatz im Wachstum erzielt.

Die vorliegenden Versuche wurden mit Nahrungsgemengen von verschiedener Zusammensetzung gemacht, mit 15% Fleischkalorien und 85 Fettkalorien, 30% Fleischkalorien und 70 Fettkalorien und 60% Fleischkalorien und 40 Fettkalorien, so dafs die verschiedenartigsten praktisch vorkommenden Ernährungsweisen darin vertreten sind. Die Einzelwerte findet man in den Originaltabellen am Schlusse dieser Arbeit. Wie vorauszusetzen, hat die kleinste Eiweifsmenge eine sehr kleine, die gröfsere und die gröfste entsprechend höhere N-Ansätze zustande gebracht, das sind Ergebnisse, die als selbstverständlich nach unserer Theorie angesehen werden können.

Das Verhältnis des Eiweifsumsatzes zum Eiweifsbestand kann man aus der einen Tabelle leicht ableiten. Ich fasse, um sichere Mittelwerte zu bekommen, je 3 tägige Perioden zusammen. Steigt der Eiweifsansatz proportional dem Bestand, so mufs sich pro 100 Teile Stickstoff am Körper dieselbe Umsatzzahl ergeben. Ich knüpfe zuerst an die Serie I an, auf welche der 9 tägige Versuch mit kleinen Eiweifsmengen und dann ein solcher mit 30% Fleisch und 70% Fett folgte. (S. 75.)

In der darauffolgenden Reihe (II. S. 75) mit 30% Fleisch erhält man für 3 Tage:

I: Bestand 310,6 g Umsatz 12,68 g = 4,05}
II   318,8 ›   11,45 ›   3,58   3,81 % des Be-
III   326,0 ›   12,45 ›   3,81}   standes
IV   333,3 ›   15,58 ›   4,67
V   337,6 ›   14,54 ›   4,35   4,46 %
VI   343,8 »   15,01 ›   4,36
VII   348,7 ›   16,64 ›   4,77
VIII   352,0 ›   17,06 ›   4,80   4,70 %
IX   354,7 ›   (5,41) „   4,55   (für 3 Tage.)

Der N-Verbrauch bei dieser Nahrungszufuhr steigt also nicht proportional dem Anwuchs, sondern er nimmt rascher zu als die N-Masse des Organismus. Die gefütterte N-Menge war eine ziemlich bedeutende, denn es waren rund 30 % der Gesamtkalorien als Eiweifs gegeben worden. Die Kost im Ganzen war ihrem Kaloriengehalt gemäfs eben ausreichend, es kann sich also dabei auch gar nicht um eine spezifisch dynamische Wirkung handeln, dazu war auch die zugeführte Eiweifsmenge an sich viel zu gering. Die Steigung des Mehrverbrauchs an Eiweifs war über 20,4 % in der VII.—IX. der dreitägigen Perioden.

An die Serie II (Fettversuch) war eine Reihe mit Zufuhr von 60 % Fleischkalorien und 40 % Fettkalorien (s. S. 78) angeschlossen mit folgendem Ergebnis (gleichfalls Kalorienbedürfnis gedeckt):

	Anfangbestand an N	Umsatz	p. 3 Tage
I. Periode	267,2 g	31,9 g = 11,94 % v. Bestand	
II. ›	299,1 ›	31,8 ›	10,65 ›
III. »	331,0 ›	32,8 ›	9,91 ›
IV. »	353,7 ›	37,0 ›	10,17 ›

Der Ansatz war sehr bedeutend 31,9 g
                        31,9 › } in jeder dieser 4 Perioden
                        32,7 ›

Diese Reihe scheint also mit der Annahme zu stimmen, dafs wirklich der Eiweifsumsatz mit der Masse des »Fleisch-

ansatzes‹ übereinstimmt. Näherer Kritik hält aber diese An-
sicht nicht stand.

Denn beweisend sind diese Ergebnisse der Versuche nur,
wenn nur eine Variable sich geändert hat — die Masse des
Körpers, der dann die Zersetzung nachfolgt.

Dies trifft aber nur für den ersten Versuch zu nicht für
diesen zweiten. Wie man nämlich bei Ausrechnung des zugeführten Eiweißes im Verhältnis zu dem N-Bestand des Körpers
ersehen kann (die Zahlen findet man genauer angeführt etwas
später), blieb nur im ersten Versuch das Verhältnis Nahrung:
Körperbestand konstant bzw. differierte es so wenig, daß man
es konstant nennen kann. In dieser II. Reihe sanken aber
durch den starken Ansatz die relativen Nahrungsüberschüsse schnell und um so bedeutende Größen, daß dadurch
ohne weiteres ein Zurückbleiben der Zersetzung erklärbar und
notwendig wurde. Man sieht auch ganz deutlich, wie sich die
beiden Faktoren Minderung durch relative Abnahme der N-Nah-
rung und Zunahme des Umsatzes mit steigendem Anwuchs
geltend machen. Erst haben wir (I. und II. Periode) eine Tendenz
zum Sinken des N-Verbrauchs und dann gegenüber diesem
Minimum nachfolgend wieder ein Ansteigen des N-Verbrauchs.

Die erste Reihe mit 30% Eiweißkalorien gibt ganz ein-
wandsfreie Resultate. Da die auf 100 Körperstickstoff
berechnete Umsatzgröße des N steigende Werte
geben, so ergibt sich, daß der ›Fleischansatz‹, wie
man sich früher ausdrückte, nicht die Ursache der
Einstellung auf das N-Gleichgewicht sein kann; letzteres muß also noch in einem anderen Vorgang gesucht werden. Da bei 20—22° Temperatur und bei einer
Nahrungsmischung von 30—60% Eiweiß die spezifisch dynamische Wirkung, die bei höherer Temperatur und bei reiner
Eiweißkost sehr in die Erscheinung tritt, nicht als Ursache des
Zuwachses des N-Verbrauchs pro 100 Körper-N angesehen werden
kann, muß ein andrer Faktor mitspielen.

Dieser Faktor, der uns den Gang der Eiweißzersetzung aber aufklären kann, ist der N-Ansatz

**selbst als regulierendes Mittel des für die Zerstörung
disponiblen Eiweifses.** Und wenn die N-Masse des Körpers
eine ungleiche Anziehung für das Eiweifs besitzt, wenn die
heruntergekommene, weit von ihrem Optimum des N-Gehalts ab-
stehende Zelle cet. par. stärker Eiweifs anzieht als die bereits
besser ernährte, haben wir in dieser Erscheinung abnehmenden
N-Ansatzes einen von Tag zu Tag mit dem Anwuchs sich stei-
gernden Moment für die Eiweifsumsetzung. **Denn nur das,
was die Zelle nicht für sich, d. h. den Anwuchs verbraucht, bleibt für die Zersetzung frei.**

Die N-Masse des Organismus tritt also in **dreifacher Art**
bei der Regulierung des N-Umsatzes in Tätigkeit:

1. als Organmasse, welche ein bestimmtes energetisches Bedürfnis besitzt;

2. als Organmasse, welche bei reiner Eiweifszufuhr und bei
physikalischer Regulation ein gesteigertes Mafs an Energiezufuhr
erfordert;

3. als Zellmasse mit variabler Eigenschaft, die je nach dem
Ernährungszustande der Zelle bald mehr bald weniger Eiweifs
zum Anwuchs beansprucht.

Nur wenn man alle diese Eigentümlichkeiten berücksichtigt,
lassen sich die Vorgänge der Eiweifszersetzung in allen besonderen Fällen erklären und verstehen.

Nunmehr wollen wir die Beziehungen des N-Ansatzes zum
Bestand des Körpers an N selbst einer zahlenmäfsigen Betrachtung unterwerfen, namentlich auch, um die Frage zu behandeln,
**in welchem Grade von Tag zu Tag die N-Anziehung der Zellen
abnimmt.**

In der Reihe 20.—29. VI. sind die

Nahrungsmengen zum N-Bestand:		Jeweiliger Ansatz zum Bestand:	
I. 3,20 %	pro 3 Tage	0,96 %	pro 3 Tage
II. 3,19	»	0,12 %	»
III. 3,31	»	0,43 %	»

In der darauffolgenden Reihe (II. S. 75):

Nahrungsmengen zum N-Bestand:		Jeweiliger Ansatz zum Bestand:	
I. 6,72		2,64	
II. 5,23	5,99 % p. 3 Tage	1,65	2,18 p. 3 Tage
III. 6,06		2,25	
IV. 6,09		1,42	
V. 5,84	5,90 % p. 3 Tage	1,49	1,45 p. 3 Tage
VI. 5,79		1,43	
VII. 5,71		0,94	
VIII. 5,61	5,63 % p. 3 Tage	0,81	0,93 p. 3 Tage
IX. 5,57		1,02	

In der weiteren Reihe (S. 78):

I. 17,98 p. 3 Tage	5,94 p. 3 Tage
II. 15,67 »	5,02 »
III. 14,35 »	4,44 »
IV. 12,79 »	2,62 »

Die Versuchsergebnisse entsprechen also durchaus der Auffassung, daſs die Anlagerung allmählich nachläſst und deshalb ein Ausgleich des N-Umsatzes eintritt. Ich sehe in der Zellfunktion des Ansatzes und Aufbaues die primäre und wichtigere Aufgabe, der dann mehr sekundär die weitere Verwertung des Eiweiſses folgt, seine Spaltung, seine Verbrennung.

Bei reichlichem Überschuſs sehen wir den Ansatz rascher zu Ende kommen als bei mäſsigem, ich betone aber nochmals, daſs hier die relative Nahrungsverminderung bei dem Versuch die Einstellung des Anwuchses mitbedingt hat, und daſs deshalb das Experiment, wenigstens was die Dauer eines solchen N-Ansatzes anlangt, nicht exakt genug ausgefallen ist.

Man kann die Zahlen auch anders ordnen, indem man sie ungeachtet der Verschiedenheit der Reihen nach dem Ansatz pro 100 N Körperbestand zusammenstellt.

Dann sieht man Fälle, bei denen der gleiche tägliche (dreitägige) Ansatz vorhanden ist, z. B. bei A und B; ist das Tier

schon reich an N, so gehört relativ viel mehr N dazu, um diesen
Ansatz zu erzielen, als wenn es herabgekommen ist: bei A für
eine Änderung des N-Bestandes von 17% die doppelte Nahrungszufuhr, bei B für 14% N-Bestand mehr um 78% in der Zufuhr.
Ich will damit keine allgemein bindenden Werte geben, nur
zeigen, daß für das Eiweiß und seine Wirkungen der Körperbestand, d. h. der Ernährungszustand wesentlich ist, und bei
einseitiger Eiweißverarmung der N-Bedarf für Gleichgewicht
offenbar stark abnimmt.

	Absoluter N-Bestand	auf 100 N am Körper gerechnet Nahrung	Ansatz
	267,2	17,88	4,94
	299,1	15,67	5,02
	331,0	14,35	4,44
A.	310,6	6,72	2,64
	363,7	12,79	2,62
	326,0	6,06	2,25
	318,8	5,25	1,65
	337,6	5,84	1,49
	343,8	5,79	1,43
	333,3	6,09	1,42
	354,7	5,57	1,02
B.	305,6	3,20	0,96
	348,7	5,71	0,94
	352,0	5,61	0,81
	321,9	3,31	0,43
	312,4	3,19	0,12

Den ganzen Verlauf des N-Ansatzes bei meinem Tier kann man
am schönsten aus der umstehenden Kurve (Fig. 1, S. 58) ersehen. Sie
zeigt uns die Zahlen je auf 100 Körper-N reduziert und gibt also
ein Bild, wie die Anziehung der Zelle für N mit fortschreitendem
besseren Ernährungszustand kleiner wird. Bei 60% Eiweiß der
Gesamtkalorien war schon nach 14 Tagen der Maximaleffekt
erzielt, wären die Überschüsse gleichmäßig groß geblieben, so
hätte der Ansatz noch länger gedauert. Bei 30% der Kalorien

als Eiweifs dauert der Ansatz, wenn man die Kurve anzieht, bis
gegen 38 Tage. Bei der kleinsten Zufuhr läfst sich eine
Grenze genauer nicht angeben, da sehr kleine Ansätze natürlich
schon methodisch nicht mehr nachweisbar sind, auch wenn sie
bestehen mögen.

Wir sehen also, dafs wir uns den Gang der Eiweifszersetzung so zu erklären haben, dafs bei Aufnahme dieses Nahrungsstoffes die Zellen versuchen
werden, ihren Zustand zu ändern und zu verbessern.
Dies wird am leichtesten möglich sein, wenn ihr
energetischer Bedarf in anderer Weise als durch Eiweifs gedeckt wird.

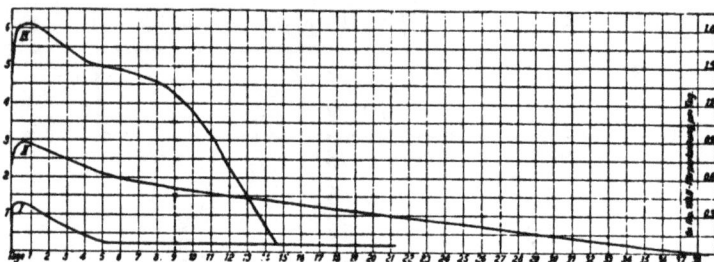

Fig. 1.

Mit der Hebung des Ernährungszustandes der
Zelle, d. h. mit der Annäherung an das Optimum —
das natürlich an eine bestimmte Gröfse der Nahrungszufuhr gebunden ist, — fällt die Anziehungskraft
für das Eiweifs ab, das letztere wird zerstört.

Die Eiweifsmenge (Prozentgehalt der Kalorien) wird ja in
ihrer Gröfse den Ansatz begünstigen, weil mit steigender Menge
die Dauer des Nahrungsstromes eine länger dauernde werden
mufs und schon hierdurch mehr Zeit für den Ansatz gewonnen
wird.

Durch diese sich mit Hebung des Ernährungszustandes mindernde Anziehung übt die Zelle selbst,
auch ohne ein weiteres Mittelglied wie Vorratseiweifs,
einen wichtigen regulatorischen Einflufs auf die Zersetzung aus.

Die untersuchten Fälle betreffen also solche Versuchsbedingungen, bei denen ein gröfserer Überschufs der Nahrung hinsichtlich der Gesamtkalorien vermieden worden ist.

Dies ist absichtlich so geordnet worden, weil man bei Darreichung einer wirklich abundanten Kost auf weitere Komplikationen der Versuche stöfst.

Was meine Versuche vor anderen voraus haben, ist das Bemühen unter möglichst einfachen Bedingungen zu arbeiten: gleiche Temperatur, gleiche Kalorienmenge, tunlichst gleicher Körperbestand; variiert ist nur die relative Beteiligung des Eiweifses am Aufbau der Kost. Mehr Eiweifs als 60% zu geben hatte keinen Sinn, da wir sonst zur einfachen Eiweifsernährung, die ganz andere Resultate gibt, kommen müfsten, denn diese bringt ja einen nennenswerten N-Ansatz, wie schon oben gesagt wurde, meist nicht zustande, oder nur bei so aufsergewöhnlichen Versuchsbedingungen, wie man sie gewöhnlich nur ein paar Tage durchführen kann.

Durch die vorliegenden Versuche ist also begründet, dafs die beiden Hauptaufgaben, welche dem Eiweifs der Nahrung zufallen, Ersatz für die Abnutzungsquote, und wenn es möglich ist, Verbesserung des Zellbestandes, in erster Linie befriedigt werden, wenn im übrigen die Kost durch N-freie Substanzen keine überreichliche Inanspruchnahme des Eiweifses zu dynamogenen Aufgaben fordert. Die natürliche Ernährung des Säuglings aller Tierspezies, welche man näher kennt und über die ich a. O. berichten werde, hält sich innerhalb dieser Ernährungs- und Eiweifsbreite.

Die Vorkommnisse sehr grofser Eiweifsumsätze sind nur aus dynamogenen Gründen möglich, für deren Erläuterung ich oben die theoretischen Grundsätze angeführt habe.

Wenn sonst dem Körper über das Mafs seines Ansatzbedürfnisses Eiweifs aufgebürdet wird, ist es nutzloser Ballast, wird durch Spaltung entwertet, diese N-Umsätze sind kein Ausdruck für physiologische Vorgänge von höherer Dignität, sie beweisen keine Notwendigkeit der betreffenden N-Zufuhr.

Ausnutzung der Eiweifszufuhr für den Ansatz.

Der Ansatz von N ist bis jetzt einer näheren Untersuchung nicht unterzogen worden, daher will ich diese Frage an der Hand meiner Experimente noch etwas allgemeiner behandeln:

Die hier an einem Hunde von 10 kg Lebendgegewicht erhaltenen Ergebnisse werden sich unter analogen Bedingungen bei gröfseren und kleineren Tieren derselben Spezies und vermutlich auch bei anderweitigen Organismen wieder anwenden lassen, nur müssen sie auf deren Kraftwechselverhältnisse übertragen werden.

Die analogen Verhältnisse sind begründet: a) in der Nahrung; diese mufs entsprechend zusammengesetzt sein. Es empfiehlt sich also vom Nahrungsbedarf des hungernden Tieres auszugehen und diesen dann durch eine Kost zu decken, in der das Eiweifs in dem bestimmten Verhältnis vertreten ist. b) in dem Körperzustande, insofern das Tier, sollen ähnliche Ergebnisse gefunden werden, im gleichen Grade vom Optimum des Bestandes der Zellen entfernt sein mufs. Die Nahrungswerte auf 1 kg Gewicht oder auf 100 N des Körpers berechnet, müssen selbstverständlich bei Tieren verschiedener Gröfse verschiedene sein, da diese ja von der absoluten Körpergröfse und den durch das Oberflächengesetz bedingten Gröfsen des Kraftwechsels abhängen müssen.

Wenn man die in der Zeiteinheit pro Kilogramm Tier erreichten N-Ansätze als Ansatzgeschwindigkeit bezeichnet, so ist es eine einfache Forderung der Logik, dafs diese der Stoffwechselintensität des Tieres proportional sich verhalten mufs. Je kleiner ein Tier, um so lebhafter sein Umsatz an Nahrungsstoffen, um so energischer sein Zerfall beim Hunger. In der Zeiteinheit kommt das kleine Tier rascher herunter als ein grofses.

Dieser Funktion gegenüber steht die andere der Ernährung, die beim kleinen viel intensiver ist, und ebenso mufs es mit der Funktion des Wiederersatzes, des Aufbaues etc. sein.

Die gröfsere Nahrungsmenge von Eiweifs, die beim kleinen
Tier auf 100 Körper N trifft, mufs vorhanden sein, um den
schnellen Aufbau zu erzielen. Die absoluten Gewichte des
Anwuchses (pro 100 Körper N) sind beim kleinen Tiere folge-
richtig viel gröfser in der Zeiteinheit.

Die Ansatzgeschwindigkeit ist also eine Funktion,
die von der Körpergröfse abhängig ist, und der sich
im Bedarfsfalle die Nahrungszufuhr akkommodieren
mufs.

Ansatzgeschwindigkeit und Wachstumsgeschwindigkeit brauchen aber nicht gleichartige Gröfsen zu sein. Die erstere ist
während der ganzen Lebenszeit vorhanden, die letztere nur
temporär und in abnehmender Intensität mit fortschreitender
Entwicklung des Individuums.

Auch die morphologischen Unterlagen der Regeneration und
des Wachstums sind aufserordentlich verschiedene. Die Geschwindigkeit des Wachstums in der ersten Lebenszeit kann man
aus Feststellungen von Bunge, betreffs der Verdopplungszeit
der Neugebornen ersehen. Ich gebe seine Zahlen nachstehend
wieder.

	Körpergewicht bei der Geburt kg	Das Körpergewicht wird verdoppelt nach Bunge in x Tagen
Meerschweinchen	0,05	13
Kaninchen	0,06	6
Katze	0,12	9
Hund	0,28	8
Schwein	1,50	16
Mensch	3,00	180
Schaf	3,90	12
Rind	35,00	47
Pferd	50,00	60

Ohne in die Probleme des Wachstums näher eintreten zu
wollen, da diese in einer besonderen Abhandlung Erörterung
finden sollen, kann man sagen, dafs zwischen Ansatzgeschwindigkeit, die ja dem Stoffwechsel genau folgt, und Wachstumsge-

schwindigkeit einfache elementare Beziehungen nicht bestehen können.

Für einen annähernden Vergleich eignen sich die Zahlen für Mensch und Schaf. Da sie beide bei der Geburt e t w a g l e i c h s c h w e r sind, so stimmt auch der Energieverbrauch beider ü b e r e i n, und die Erscheinungen des H u n g e r s müssen demgemäß gleichartig ablaufen, ferner ebenso der Aufbau zugrunde gegangener Substanz, der A n s a t z. Da aber das Kind erst in 180 Tagen, das Schaf schon in 12 Tagen sich verdoppelt, so ist das Wachstum bei ersterem fünfzehnmal langsamer als beim Schaf. Daraus kann man auch folgern, daß das Nahrungsmaterial, welches in beiden Fällen beim Wachstum verwertet und beansprucht wird, außerordentlich verschieden an Menge sein muß. Das Wachstum ist ein Prozeß, der nicht von der ganzen Ernährung losgelöst ist, wo viel Wachstum ist, muß viel Nahrung verzehrt werden. Das langsame Wachstum des Menschen muß mit einer relativ geringen Nahrungsaufnahme einhergehen, dies werde ich später auch beweisen.

Nachdem nun die allgemeine Wirksamkeit der Zellanziehung auf den Ansatz einerseits und in ihrer Rückwirkung auf den Eiweißumsatz erledigt worden ist, kann man sich auch noch mit der Frage beschäftigen, in welchem Maße bei steigenden Eiweiß- mengen in der Kost die Verwertung des Eiweißstromes für die Zwecke des Ansatzes ausgewertet wird. Die Nahrungsüberschüsse allein sind niemals das Entscheidende, sondern immer nur der Zustand der Zelle.

Die Ernährung kann in zweierlei Variationen vorgenommen werden, entweder man führt dieselbe Kalorienmenge zu unter Variation des Eiweißgehaltes, oder man beläßt die Nahrung in- soweit bei gleicher Zusammensetzung, als man ihr den gleichen Gehalt an Eiweiß gibt, steigert aber die täglich gereichte Calorien- menge.

Des letzteren Falles bedient sich meistens die Natur beim Wachstum der Tiere wie der Menschen; ich werde auf ihn in einer späteren Arbeit näher eingehen, betrachte hier nur die Variation des Eiweißgehaltes.

Damit wir nicht mit zwei Unbekannten operieren, müssen wir von Zuständen gleicher Körperbeschaffenheit ausgehen.

Das Resultat, das ich vorausschicke, ist: Die Anlagerung verläuft nicht proportional dem Überschufs.

Was ist als Eiweifsüberschufs zu betrachten? Oben ist nachgewiesen, dafs der Körper meiner Versuchstiere mit jener Eiweifsmenge, die er im Hunger verbrauchte, in minimo sich auch bei Fütterung einstellte. Eine Zufuhr, die also mehr als diese Eiweifsmenge bringt, stellt einen Überschufs dar. Die Versuchsergebnisse sind folgende gewesen:

Verhältnis des eingeführten N (Nahrung) zum Körperstickstoff.

		Mittlerer Bestand	Zufuhr p. Tg.	auf 100 N:	p. 3 Tage
Die kompletten Reihen betrachtet:	(21.—29. VI.) I	308,1 N	3,37 =	1,09 %	3,27
	(20. VI. – 24. VII.) II	332,9	6,58 =	1,98	5,94
	(16. VIII.—28. VIII) III	295,5	15,84 =	5,36	16,08

Zieht man von der Zufuhr den kleinsten N-Umsatz ab (2,72 bis 2,51 g N pro 100 Körper-N, so hat man als Überschufs die Zufuhr über die Erhaltungsquote (für 3 Tage berechnet):

I. 0,56 (1)	Ansatzquote	⎧0,513 (1)
II. 3,23 (5,7)	im Verhältnis	⎨1,611 (3,13)
III. 13,57 (20,6)	zum Körper-N.	⎩4,77 (9,30)

Vom Überschufs obiger Definition ist angesetzt worden:

I. 91,6 %

II. 49,9 %

III. 34,4 %

Wenn ich in dieser Berechnung den Gesamtdurchschnitt jeder Reihe nehme, so werden ungleich lange Perioden verglichen, eine 25tägige Periode z. B. in II, eine 12tägige in III. Dies gibt insofern aber doch ein gutes Bild der Wirkungen mit Bezug auf die Verwertung des Nährmaterials als die anziehenden Kräfte des Ansatzes von einem Maximum = Beginn des Versuches bis auf ein Minimum = Ende des Versuches, dem Zeitpunkt, der in der Tat fast mit dem N-Gleichgewicht, also dem Ende der Anziehungskraft, abschlofs, fortschreiten.

Der Nutzeffekt des Überschusses über den minimalsten Eiweifs-konsum war also am günstigsten bei der kleinsten Zufuhr und am geringsten bei der grofsen Zufuhr.

Zu keinem anderen Resultate kommt man, wenn man nicht die ganze Periode der Versuche, sondern nur gleich lange Teile herausgreift.

Ich nehme von jeder Reihe neun aufeinanderfolgende Tage und ziehe wie oben den Hungerumsatz als Minimalbedarf von der Zufuhr ab (auf je 100 N am Körper berechnet) und vergleiche diesen, also den dem Nahrungsüberschufs entsprechenden Wert mit dem erzielten Ansatz, dann hat man:

Wirklicher absoluter N-Bestand, bei dem der Versuch ausgeführt wurde	p. 100 N am Körper	
	Nahrungsüberschuß	Ansatz
313,3	0,55	0,51
318,4	3,30	2,28
299,1	13,44	5,13

Der absolute N-Bestand liegt sich so nahe, dafs die Reihen als gute Vergleiche dienen können.

Daraus folgt: von 100 Teilen im Überschufs zugeführtem N kommen zum Ansatz

$$92,7$$
$$66,0$$
$$38,1$$

also am meisten wurde relativ bei kleinen Überschüssen das Eiweifs angezogen. Die Ursache dafür kann sein:

1. die leichtere Zerlegung des in grofsen Mengen eingeführten N, weil dieser nicht sofort angesetzt werden kann und dynamogen benutzt wird,

2. die Begrenzung des N-Ansatzes in der Zeiteinheit überhaupt.

Die relativen Zahlen des Nahrungsüberschusses zeigen folgendes Bild:

Überschufs		Ansatz	
	1	1	
1	6	4,4	1
4,1	24,4	10,1	2,3

Der Ansatz nimmt also in dem Sinne ab, daſs bei
gröſseren Überschüssen der Nutzeffekt nicht gleich-
mäſsig, sondern stärker sinkt als bei den geringen
Überschüssen.

Nun ist aber noch der Einfluſs des Vorratseiweiſses zu
betrachten. Aus meinen Versuchen sind nur 2 Fälle schätzbar.
Nach dem Auffütterungsversuch mit 183 Fleisch war die N-Ausscheidung am ersten Hungertag 5,51, während bei 2,71 % Hungerumsatz pro 100 N am Körper nur 0,96 pro Tag im Harn hätten
erscheinen sollen, also

$$\begin{array}{r} 5,51 \\ -\ 0,96 \\ \hline 4,55 \end{array}\ \text{g} = \text{Vorratseiweiſs,}$$

die sich im Laufe der ersten Fütterungstage gebildet haben müssen;
rund 1,3 % des Bestandes, oder wohl etwas mehr, da am
2. Hungertag in der Regel noch ein Plus erscheint, das hier
nicht bestimmt wurde. Analog beim Versuche mit 430 Fleisch.

$$\begin{array}{r} +\ 8,45 \text{ am ersten Hungertag} \\ \text{während} \qquad 0,81 \text{ erscheinen sollten} \\ \hline \end{array}$$

also mehr + 7,64 = 2,3 % des N-Bestandes,

an den nächstfolgenden Tagen wäre sicher noch weiter eine
Mehrausscheidung von N erschienen.

Der wirkliche N-Ansatz und Organansatz kann also
namentlich bei reichlicher Eiweiſszufuhr sogar noch etwas über-
schätzt werden und bei groſsen Überschüssen das Anwachsen des Organ-N noch kleiner sein als angenommen.

Die Menge des Vorratseiweiſses wächst offenbar rascher als
die zugeführte Eiweiſsmehrung ausmacht. Bei kleineren Eiweiſs-
mengen als bei 15 % Eiweiſskalorien ist es überhaupt nicht
nachzuweisen. Dies gilt nur für Eiweiſs-Fettgemische.

In vielen Fällen der menschlichen Ernährung spielt das Vorratseiweiſs offenbar gar keine Rolle; es wäre aber immerhin erwünscht,
diese Frage des Vorratseiweiſses mit den moderneren Versuchs-
verfahren wieder aufzunehmen, da die älteren Experimente zu
weiteren Betrachtungen keine Unterlage geben und nicht aus-

5

geschlossen erscheint, dafs das Vorratseiweifs mit manchen Eigentümlichkeiten des Organismus, die zu den eigentlichen Bilanzproblemen nicht gehören, in Zusammenhang steht.

Die Ungleichheit der Anziehung für Eiweifs macht sich auch geltend, wenn man einen einzelnen Fütterungstag in seine Teile zerlegt; in den ersten Stunden des Tages ist die Zersetzung sehr gesteigert, da in der Zeiteinheit stets nur ein bestimmtes Maximum an Eiweifs abgelagert werden kann, der Überschufs also zersetzt wird.

Mit der Erhöhung des Gehaltes der Nahrung an Eiweifs, das folgt auch aus diesen Betrachtungen, steigt für den Körper die Notwendigkeit, dasselbe für die rein dynamischen Zwecke zu verwerten und somit mufs ja die Ausnutzung für den Ansatz sinken, um bei voller Eiweifsernährung auf ein gewisses Minimum abzusinken (s. auch nächsten Abschnitt).

Nutzeffekt eines Nahrung wechselnden Eiweifsgehaltes hinsichtlich des N-Ansatzes.

Ich mufs nun noch zu einem anderen Problem Stellung nehmen, nämlich zur Frage des Nutzeffektes einer Fütterung überhaupt. Ist es rationeller, mit kleinen oder grofsen Eiweifsmengen den Ansatz zu betreiben? Diese Frage ist durch das eben Erörterte, nämlich durch den Umstand, dafs von kleinen Überschüssen relativ mehr übrig bleibt als von grofsen, durchaus nicht entschieden.

Denn für den Nutzeffekt kommt es nicht allein darauf an, dafs von dem Überschufs relativ viel zurückbehalten wird, sondern nur darauf, wie lange Zeit notwendig ist, um ein Gleichgewicht zu erzielen. Wenn bei kleinen Überschüssen der Eiweifsüberschufs über den Minimalbedarf gut ausgenutzt wird, so kann der Gesamtnutzeffekt dadurch wieder in Frage gestellt werden, dafs das N-Gleichgewicht erst sehr spät eintritt, und dafs man deshalb viele Tage für die Befriedigung des Eiweifsminimums zu sorgen hat.

Wenn ich auf die gestellte Frage vielleicht auch noch keine absolut exakte Antwort zu geben vermag, so liegt es darin, daſs solche Probleme erst nach Abschluſs und Durchrechnung der Versuche uns entgegentreten, immerhin gibt mir das vorliegende Material doch schon ein recht zutreffendes Bild.

Über die Frage, was günstiger sei für den Ansatz, eine groſse Eiweiſszufuhr oder eine kleinere, scheinen die Akten sozusagen ganz geschlossen. Man steht allgemein auf dem Standpunkte C. Voits, wie er denselben (Zeitschr. f. Biol. V, S. 344) niedergelegt hat. Voit meint damals, daſs bei reiner Eiweiſszufuhr der Ansatz sehr gering sei und schnell ein Gleichgewicht eintrete. Bei Mischungen von Eiweiſs und Fett werde bei mittleren Gaben von Fleisch am meisten Ansatz gewonnen. Bei gröſseren Eiweiſsgaben vermehrte sich das zirkulierende Eiweiſs zu schnell.

Nähere Definition hat diese mittlere Eiweiſsmenge nicht gefunden. Ich muſs aber auch zugeben, daſs die Versuche, welche von Voit zusammengestellt wurden — besondere der Fragestellung gewidmete Experimente liegen nicht vor — zum Entscheid nicht herangezogen werden können. Es wird durch diese Zusammenstellung (Biol. V, S. 344) nur ausgeführt, wieviel im ganzen an Ansatz eingetreten sei und wie lange der Ansatz dauerte. Die einzelnen Reihen liegen Jahre auseinander, so daſs man nicht nur nicht sicher weiſs, ob der Hund unter denselben körperlichen Zuständen sich befand, vielmehr mit Bestimmtheit das Gegenteil annehmen muſs. Die Gröſse der Kalorienzufuhr ist ganz und gar verschieden gewesen, das Körpergewicht nicht in Rechnung gezogen. Ich gebe daher die auf N (statt Fleisch) umgerechneten Tabellen (S. 68) zugleich mit dem Kalorienwert der Kost.

Wenn man die Tabellen durchsieht, ist nur die eine Tatsache für einen lang dauernden Ansatz verwertbar, daſs der Hund bei 500 Fleisch und 250 Fett in 32 Tagen 61,0 g N ansetzte, aber auch bei 1800 Fleisch und 30—150 Fett werden in 23 Tagen immerhin 30,2 g N angesetzt. Im ersten Falle macht das

Eiweiſs 15,8, im letzteren 61 % der Gesamtkalorien aus. Ob aber im letzteren Falle der Hund wirklich gleich N-arm war, im Jahre 1863 wie im Jahre 1858, das weiſs man nicht. So lange Zeitintervalle eignen sich überhaupt nicht für beweisende Versuche. Ich würde also nicht in der Lage sein, etwas auszusagen, ob bei dem geringen langsamen N-Ansatz schlieſslich mehr erreicht wird als bei höherem Prozentsatz von Eiweiſs in der Kost.

Zahl der Tage	Datum	Fleisch	Fett	N der Zufuhr	Ei-weiſs-Kal.	Fett-Kal.	Summe der Kal.	Davon Eiweiſs-Kal. in %	Ansatz von N im ganzen	Ob N-Gleichgewicht
32	6. XII —6. I. 58	500	250	17,0	442	2350	2792	15,8	61,0	noch nicht
3	6.—9. I. 58	750	250	25,5	668	2350	3418	19,4	9,3	nahezu
5	30. XII.—4. I. 61	800	200	27,2	707	1880	2587	27,3	5,1	ja
4	22.—26. XI. 60	800	200	27,2	707	1880	2587	27,3	10,8	noch nicht
3	27.—30. XI. 60	800	200	27,2	707	1880	2587	27,3	12,9	»
3	9.—12. I. 58	1000	250	34,0	884	2350	3234	27,3	12,8	nahezu
3	12.—15. I. 58	1250	250	42,5	1105	2350	3455	32,0	4,1	»
4	15.—19. I. 58	1500	250	51,0	1326	2350	3676	36,0	16,1	»
3	19.—22. I. 58	1500	350	51,0	1326	3290	4616	28,7	5,4	»
10	22.—31. I. 62	1500	150	51,0	1326	1410	2726	48,5	3,5	ja
23	9. III.—9. IV. 63	1500	30—150	51,0	1326	846	2172	61,0	30,2	nahezu
7	1.—8. IV. 59	1800	250	61,2	1591	2350	3941	40,3	29,0	ja
8	12.—15. I. 59	2000	250	68,0	1768	2350	4118	42,9	12,0	nahezu

Der Effekt der Auffütterung, der überhaupt sich erzielen läſst, läſst sich aus meinen Versuchen am besten entnehmen, wenn man die Ergebnisse der Experimente in Kurvenform betrachtet. (Fig. 2, S. 69.)

Ich habe die Resultate nach der Menge des Ansatzes in g N pro Tag, wie er unmittelbar erhalten wurde, eingetragen und durch Linien verbunden. Die Kurven zeigen groſse Schwankungen, die nicht wohl in Versuchsfehlern liegen können. Die Abnahme des Ansatzes erfolgt erst allmählich, dann rascher. Man kann aus den Kurven, indem man sie zur Abszisse verlängert, schätzen, wieviel etwa noch an N angesetzt sein würde, wenn man die Versuche bis zum Gleichgewicht gebracht hätte. Die Werte mit den kleinsten Eiweifszahlen eignen sich wegen der Unsicherheit der geringen absoluten Gröfsen nicht wohl zu weiterer Behandlung, wohl aber die beiden anderen Reihen.

Bei II, d. h. einer Mischung von 30 % Fleischkalorien und 70 Fettkalorien waren 44,61 N angesetzt worden, dazu nach Schätzung in graphischer Darstellung noch weiter + 6,75 bis zum Gleichgewicht, im ganzen also 51,43 g Nutzeffekt und Ansatz. Bei III wurden direkt beobachtet 56,61 g N, dazu nach Schätzung 6,85 N = Summa 63,46, sonach wäre der Effekt bei 60 % Fleischkalorien und 40 % Fettkalorien etwas günstiger als

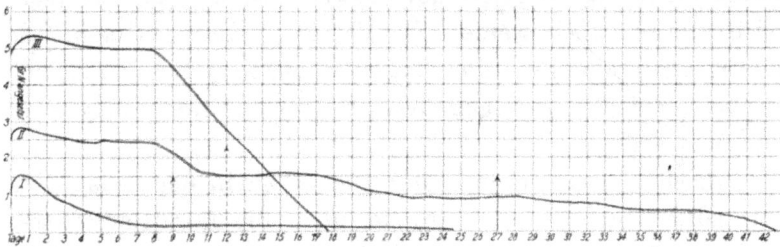

Fig. 2.

bei der halben Menge Fleisch, aber in obigen Zahlen stecken noch mindestens 4,55 N für II und 7,64 N für III, die als Vor-ratseiweifs angenommen werden müssen; ja sicher ist dieser Wert III erheblich zu klein. Legt man auf Organbildung selbst Wert, so scheint in der Ansatzfähigkeit einer Kost mit 30 % und einer solchen mit 60 % Eiweifs kein Unterschied ge-geben, nur die Zeit ist sehr different, denn bei 30 % Fleisch-kalorien wird in 38 Tagen als Ansatz erzielt, was bei 60 % schon in 15 Tagen erreicht wurde. Auch wenn man im letzteren Falle die Bildung der begrenzten Menge Vorratseiweifs als etwas Minderwertiges in Erwägung zieht, bleibt vom ökonomischen Standpunkte zu beachten, dafs in dem einen Falle der Stoff-wechsel 38 Tage, im andern nur 15 Tage gewissermafsen dem Ansatz angepafst sein mufs. Ersparnis an Zeit kann auch ein beachtenswerter Gesichtspunkt für den Ansatz sein.

Überschreitet man in der Kost die Grenze von 60 % Eiweifskalorien, so wird voraussichtlich sehr schnell die Ansatzmöglichkeit herabgesetzt, wir nähern uns mehr und mehr der reinen
Eiweifskost.

Auch wenn durch vorherige Abmagerung die Bedürfnisse für
den Ansatz sehr günstige sind, hat die ausschliefsliche Eiweifsfütterung nur beschränkten Wert. Voit ist dabei wohl etwas zu
weit gegangen, wenn er meint, bei reiner Eiweifskost werde nur
zirkulierendes und kein Organeiweifs gebildet. Man kann sehr
wohl zeigen, dafs auch bei ausschliefslicher Eiweifszufuhr Organbildung eintritt. Immerhin erfordert dies Verhalten eine nähere
Erklärung, die man früher damit erledigt hielt, dafs eben reine
Eiweifszufuhr nur zirkulierendes Eiweifs bilde, das seinerseits
gleich wieder zerlegt werde. Das ist aber schliefslich keine Erklärung des Vorganges. Die wahre Veranlassung für den immerhin befremdenden geringen Ansatz grofser Eiweifsmengen ist
eine ganz einfache.

Zurzeit liegen weder in der alten noch in der neuen Literatur ad hoc angestellte Versuche über die Ansatzmöglichkeit
bei reiner Eiweifsgabe vor, denn darunter verstehe ich solche,
die an einem systematisch für den Ansatz vorbereiteten Tier
ausgeführt wären. Man kann ja sagen, die ganze Frage hat kaum
eine praktische Bedeutung für den Menschen, sie besitzt sie aber
für die Theorie des Eiweifsumsatzes. Indes auch ohne solche
spezielle Versuche kann man die ungünstige Rolle grofser Eiweifsmengen für den Ansatz leicht verstehen, wenn man die energetischen Verhältnisse heranzieht.

Man darf sagen, wenn es auch paradox klingt, — es ist
nie so wenig Eiweifs für den Ansatz vorhanden als
bei reiner Eiweifskost, denn dabei wird ja das Eiweifs für
dynamogene Zwecke verbraucht und ein nachhaltiger Ansatz ist
überhaupt nur möglich, wenn mindestens durch die Eiweifszufuhr
nicht nur der ganze Kalorienbedarf gedeckt, sondern auch noch
ein Überschufs eben für den Ansatz dazu gereicht wird.

Nur ganz ausnahmsweise, d. h. bei sehr niedriger Lufttemperatur, gelingt es, die Überschüsse der Eiweifsnahrung über

den Bedarf ohne weiteres zum Ansatz zu bringen. Das sind aber
für letzteren überhaupt sehr ungünstige Bedingungen, weil bei
niedriger Temperatur (für den Menschen kommt es überhaupt
nicht in Betracht) der Stoffwechsel enorm erhöht ist. Bei mittlerer
Temperatur kommt die spezifisch dynamische Wirkung des
Eiweifses in Betracht, die erst bei 40 % Nahrungsüberschufs
über den Hungerbedarf das erste dauernde Nahrungsgleichgewicht
schafft, für Ansatz wird also noch weit mehr an Eiweifs gefordert.
Mit steigendem Ansatz wächst aber bei Eiweifs auch der Kalorienbedarf für den Anwuchs rascher als bei jeder anderen Nahrungs-
kombination. Nutzlose Vergeudungen des Nahrungsmaterials sind
also die notwendige Folge.

Im allgemeinen werden sich schon mit Werten, die bei
30—40 % Eiweifskalorien liegen, alle rationellen Zwecke des Ansatzes erreichen lassen, geht doch auch die Natur beim Wachstum des Säuglings in der ganzen Tierwelt über die Grenze von
40 % Eiweifskalorien überhaupt nicht hinaus.

Jede Theorie der Ernährung mufs, wie ich besonders auch
für die Eiweifszersetzung gezeigt habe, von dem Zustand der
Zelle ausgehen. Dem letzteren entsprechend bestehen bestimmte
Bedürfnisse der Eiweifszufuhr. Das wichtigste unentbehrlichste
Bedürfnis ist der Wiederersatz der Abnutzungsquote, das
zweite Moment besteht in der Änderung des Ernährungszustandes. Die N-freien Stoffe haben auf die Äufserung beider
nicht den geringsten Einflufs; insbesondere kann Fett an sich
nicht entscheiden, ob Eiweifs angesetzt oder gespalten werden
mufs. Die energetischen Aufgaben der Ernährung können
die N-freien Stoffe ganz allein übernehmen; es ist bis jetzt nicht
zu erweisen, dafs N-haltige Stoffe überhaupt zu energetischen
Zwecken gespalten werden müssen. Kohlehydrate sind wegen
der leichteren Verteilung im Nährstrom und wegen der fast
arbeitslosen Abschiebung des Fettes in die Depots den letzteren
überlegen. Sie sind es auch nach der Richtung der Unter-
drückung des Eiweifsverbrauchs für dynamogene Zwecke. Für
die Bedürfnisse der Abnutzungsquote ist kaum ein höherer Gehalt der Kost als 4—5 % Eiweifsnatron nötig (Reinkalorien).

Bedarf die Zelle der Zustandsverbesserung, so sind Zusätze
an Eiweifs notwendig, die ihr Ziel des Anwuchses innerhalb
bestimmter Grenzen um so rascher erreichen, je mehr sie Eiweifs
bieten. Überschüsse von Eiweifs, die zum schnelleren Ansatz
führen, bedingen auch bereits eine Verwertung des Eiweifses
für dynamogene Zwecke an Stelle der vorher für diese Funktion
benützten Kohlehydrate. Mit dem Anwuchs wird ein Teil des
Nahrungseiweifses entbehrlich und wird dann für dynamogene Zwecke benutzt. Vorratseiweifs findet man, wenn
das Eiweifs in erheblichem Prozentsatz sich an der Verbrennung
beteiligt: kaum bei 15 % Eiweifskalorien, wenig bei 30 %, mehr
dagegen bei 60 %.

Reine Eiweifskost gibt keine günstige Ausbeute für
den Ansatz, weil der gröfste Teil des Eiweifses ja für dynamogene Zwecke dient und gar keinen Nahrungsüberschufs zum
Zwecke des Anwuchses darstellt. Sie steigert durch die spezifisch
dynamische Steigerung der Verbrennung sogar unökonomisch den
Energieverbrauch. In Nahrungsgemischen, die an sich zur Erhaltung des Organismus hinreichen, ist die weitere Beigabe von
Eiweifs zwecklos, da dasselbe der Spaltung unterliegt und als
wertloser Ballast der Denaturierung verfällt.

Die Theorie der Eiweifszersetzung läfst sich nicht als ein
stofflicher Vorgang, sondern nur als ein biologischer Vorgang
auffassen, der neben den materiellen Zellbedürfnissen den
Energiebedarf und die regulatorischen Verhältnisse
des Eiweifsbedarfs des Gesamtorganismus gleichmäfsig berücksichtigt.

Hund „Guste". Hungerversuch I. N aus Fleisch zugeführt.

Datum	Aufnahme				Ausgaben			Gewicht	Temperatur des Käfigs in °	Bemerkungen
	Speck	Fleisch		Wasser	Harn		Kot			
	g	g	N	ecm	ccm	N	N			
31. V.	78	—	—	280	310 +	6,99		12,180	22	8 h Knochen
1. VI.	78	—	—	100	135	3,96		11,820	21,5	
2. »	78	—	—	100	105	3,06		11,670	20	
3. »	78	65	3,06	190	120	3,92		11,450	21	
4. »	78	65	3,06	120	100	4,24		11,310	20	
5. »	78	—	—	130	120	2,91		11,270	21	
6. »	78	—	—	300	120	3,07		11,170	21,5	
7. »	78	—	—	300	100	3,05		11,170	21	
8. »	78	52	2,05	130	120 +	3,89		11,170	21	
9. »	78	52	2,05	200	140	3,79		11,050	21	
10. »	78	—	—	290	—	(2,97)		11,020	18	
11. »	78	—	—	200	75 +	2,76		11,020	18	
12. »	78	—	—	290	130	3,19		10,970	21	
13. »	78	52,5	3,19	200	100 +	3,63		10,920	21	
14. »	78	52,5	3,19	200	115	4,09		10,850	20	
15. »	78	—	—	200	115	2,87		10,800	20,5	
16. »	78	—	—	200	100	2,83		10,750	21	
17. »	78	—	—	200	60 +	2,87		10,740	20	
18. »	erbrochen			200	—	—		10,670	20	
19. »	—	—	—	500	40 +	3,38		10,140	20	8 h Knochen
20. »	—	—	—	300	30 +	3,47		10,420	20	
21. »	60	92	3,24	200	80 +	2,14		10,400	20	

Kot (Trockengewicht = 43,3 g) enthält 2,06 g N, d. i. pro die 2,2 g Trockengewicht, 0,1 g N.

Anmerkung zu Hungerversuch I.

10. VI. Hund soll Uringlas umgestoſsen haben.

18. VI. 8 h a. m.   Nahrung freiwillig nicht genommen, daher hineingestopft; nach einigen Stunden alles (?) erbrochen. Durchfall.

19. VI. 8 h a. m. in der Nacht Harn u. diarrh. Kot gelassen. Analyse des Harns vom 18. VI. also nicht möglich.
Katheterisiert und Blase ausgespült.

19. VI. 8 h p. m. seit Morgen kein Durchfall. Knochen, von denen er einen Teil sogleich friſst.

20. VI. 8 h a. m hat die Knochen gefressen; scheint sich erholt zu haben.

Katheterisiert wurde die Hündin 2mal täglich sogleich nach dem Verlassen des Käfigs; am Morgen wurde auſserdem die Blase mit angewärmtem Wasser nachgespült, ebenso der Käfig, falls spontan Harn entleert war. Die vereinigten Harnmengen von 24 Stunden wurden auf 500, meistens 1000 ccm aufgefüllt, davon 2mal je 10 ccm analysiert.

Kot[1]) wurde durch Knochen abgegrenzt: vom 31. V. 8 h a. m. bis 19. VI. 8. h p. m. = 19 ½ Tage.
Geringe Verluste am 18. u. 19. VI. infolge des Durchfalls ??

Körpergewicht wurde bestimmt an jedem Morgen, nachdem die Hündin nach dem Verlassen des Käfigs zunächst katheterisiert war.

---

1) 1 g Kot enthält N : I. 0,0479 } 0,0476.
II. 0,0473

Hund „Guste". Auffütterungsversuch I und II.

Datum	Aufnahme			N-Abgabe			N-Diffe-renz	Ge-wicht	Tempe-ratur des Käfigs	Bemerkungen Zufuhr 3,374 N
	Speck g	Fleisch g	N	Harn	Kot	Sum-me				
20. VI.	—	—	—	3,47	0,08	—	—	10,420	20	19./20.VI. Knochen.
21. ＞	60	92	3,24	2,14	0,08	2,22	+ 1,02	10,400	20	Knochenkot
22. ＞	60	92	3,24	2,10	0,08	2,18	+ 1,06	10,300	20	
23. ＞	60	92	3,30	2,34	0,08	2,42	+ 0,88	10,390	20	
24. ＞	60	92	3,30	2,87	0,08	2,95	+ 0,35	10,390	20,5	Kot
25. ＞	60	92	3,30	3,35	0,08	3,43	− 0,13	10,440	20	I.
26. ＞	60	92	3,30	3,05	0,08	3,13	+ 0,17	10,470	20	
27. ＞	60	92	3,30	2,72	0,08	2,80	+ 0,50	10,420	21	
28. ＞	60	92	3,69	3,30	0,08	3,38	+ 0,31	10,340	20	29./30.VI. Erbrechen
29. ＞	60	92	3,69	3,3	0,08	3,10	+ 0,59	10,380	20	
30. ＞	49	183	7,34	3,91	0,08	3,99	+ 3,35	10,270	20	
1.VII.	49	183	7,34	4,23	0,08	4,31	+ 3,03	10,290	20	
2. ＞	49	183	6,22	4,30	0,08	4,38	+ 1,84	10,380	21	
3. ＞	49	183	6,22	3,75	0,08	3,83	+ 2,39	10,380	21	
4. ＞	49	183	6,22	3,71	0,08	3,79	+ 2,43	10,470	21	
5. ＞	49	183	6,22	3,75	0,08	3,83	+ 2,39	10,420	21	
6. ＞	49	183	6.22	4,12	0,08	4,20	+ 2,02	10,470	21	
7. ＞	49	183	6,77	4,21	0,08	4,29	+ 2,48	10,500	21	
8. ＞	49	183	6,77	3,88	0,08	3,96	+ 2,81	10 540	23	
9. ＞	49	183	6,77	4,84	0,08	4,92	+ 1,85	10,570	23	
10. ＞	49	183	6,77	5,17	0,08	5,25	+ 1,52	10,570	22	
11. ＞	49	183	6,77	5,33	0,08	5,41	+ 1,36	10,350	22	Kot
12. ＞	49	183	6,57	4,86	0,08	4,94	+ 1,63	10 390	22	II.
13. ＞	49	183	6,57	4,99	0,08	5,07	+ 1,50	10,410	22	
14. ＞	49	183	6,57	4,45	0,08	4,53	+ 2,04	10 470	23	
15. ＞	49	183	6,57	4,56	0,08	4,64	+ 1,93	10,530	23	
16. ＞	49	183	6,66	5,38	0,08	5,46	+ 1,20	10,470	26	
17. ＞	49	183	6,66	4,83	0,08	4,91	+ 1,75	10,440	27	
18. ＞	49	183	6,66	5,85	0,08	5,93	+ 0,73	10,570	24,5	
19. ＞	49	183	6,66	5,10	0,08	5,18	+ 1,48	10,590	23	
20. ＞	49	183	6,59	5,45	0,08	5,53	+ 1,06	10,590	22	
21. ＞	49	183	6,59	5,45	0,08	5,53	+ 1,06	10,620	22	
22. ＞	49	183	6,59	5,31	0,08	5,39	+ 1,20	10,610	22	Kot
23. ＞	49	183	6,59	6,06	0,08	6,14	+ 0,45	10 600	22	
24. ＞	49	183	6,59	5,33	0,08	5,41	+ 1,18	10,580	23	Schlufs = 355,3 N a. b.
25. ＞	70	—	—	5,41	—	--	—	10,630	23	8 h a. m. Knochen. Kot.

Anmerkung zu Auffütterungsversuch I und II.

Fleisch, geschabtes Rindfleisch.

21./22. VI.	I. 0,0349	0,0352 g N in 1 g Fleisch.	
	II. 0,0355		
23. bis 27. VI.	I. 0,0357	0,0359 ,, ,, ,, ,, ,, ,, .	
	II. 0,0361		
28. VI. bis 1. VII.	I. 0,0409	0,0401 ,, ,, ,, ,, ,, ,,	
	II. 0,0393		
2. VII. bis 6. VII.	I. 0,0341	0,0340 ,, ,, ,, ,, ,, ,,	
	II. 0,0338		
7. VII. bis 11. VII.		0,0370 ,, ,, ,, ,, ,, ,,	
12. VII. bis 15. VII.		0,0359 ,, ,, ,, ,, ,, ,,	
16. VII. bis 19. VII.	I. 0,0362	0,0364 ,, ,, ,, ,, ,, ,,	
	II. 0,0366		
20. VII. bis 24. VII.	I. 0,0364	0,0360 ,, ,, ,, ,, ,, ,,	
	II. 0,0356		

Speck wie früher.

Nahrung wurde in drei Tagesrationen gegeben, aufserdem pro Tag 200 ccm Wasser.

Kot mit Knochen abgegrenzt vom 20. VI. bis 25. VII. = 35 Tage.
Trockengewicht 58,5 g, d. i. pro die 1,7 g.
N-Gehalt 2,70 g, d. i. pro die 0,08 g.

Hund „Guste". Hungerversuch II. N als Fleisch zugeführt.

Datum	Aufnahme				Ausgaben			Ge-wicht	Temperatur des Käfigs	Bemerkungen
	Speck	Fleisch		Was-ser	Harn		Kot			
	g	g	N	ccm	ccm	N	N			
23. VII.	49	183	6,59	200	95	6,06	0,08	10,600	22	
24. ›	49	183	6,59	200	85	5,33	0,08	10,580	23	
25. ›	70	—	—	200	90	5,41		10,460	23	{ 8 h Knochen.
26. ›	70	—	—	200	90	3,30		10,540	23	
27. ›	70	—	—	200	85	2,39		10,360	22	
28. ›	70	69	2,39	200	65	3,45		10,310	22	
29. ›	70	69	2,39	200	110	3,38		10,490	22	
30. ›	70	—	—	200	85	2,35		10,320	22	
31. ›	70	—	—	200	40	2,18		10,190	22	
1. VIII.	70	—	—	200	80	2,48		10,020	24	
2. ›	70	90	3,21	200	65	3,58		9,800	23	
3. ›	70	90	3,21	200	70	4,41		9,870	23	
4. ›	70	—	—	200	65	2,63		9,900	24	
5. ›	70	—	—	200	65	2,20		9,880	24	
6. ›	70	—	—	200	60	2,60		9,720	24	
7. ›	70	76	2,61	200	65	3,54		9,620	23	
8. ›	70	76	2,61	200	70	3,63		9,640	22	
9. ›	70	—	—	200	90	2,66		9,630	20	
10. ›	70	—	—	200	70	2,41		9,520	20	
11. ›	70	—	—	200	65	2,47		9,320	20	
12. ›	70	72	2,48	200	20	2,75		9,250	20	
13. ›	70	72	2,48	200	25	3,50		9,210	20	
14. ›	70	—	—	200	35	2,72		9,150	21	
15. ›	70	—	—	200	30	2,11		9,050	22	
16. ›	33	430	34,56	200	10	7,22		8,940	20	{ 8 h Knochen.

In der Kot-Spalte, vertikal verlaufend: Trockengewicht 41,1 g, d. l. pro die 1,87 g, N-Gehalt, 2,16 g, d. l. pro die 0,1 g N.

27. VII. Knochenkot.
29. › wenig Knochenkot.
1. VIII. Kot.
2. › Harn am Morgen trübe — Blasenkatarrh? — nach dem Katheterisieren jedesmal Blasenspülungen.
3. › Blasenspülungen; in der Folge katarrh. Erscheinungen nicht mehr zu bemerken. An beiden Tagen infolge eines Rechenfehlers mehr Fleisch gegeben als geplant war.
7. › Kot.
11. › Kot.
17. › Kot.

Fleisch wurde nicht ausgewaschen gegeben, sondern frisch.

28./29. VII.   N-Gehalt in 1 g Fleisch: I. 0,03496 ⎫
                                          II. 0,03422 ⎭ 0,03459

2./3. VIII.   0,0357 · 90 = 3,21.

7./8.   »   I. 0,03442 ⎫
                                          II. 0,03440 ⎭ 0,0344

12./13.   »   I. 0,03456 ⎫
                                          II. 0,03439 ⎭ 0,0345

Kot durch Knochen abgegrenzt vom 25. VII. 8 h a. m. bis 16. VIII. 8 h a. m.
                                                        = 22 Tage.

Trockengewicht = 41,1 g, d. i. pro die 1,868 g
N[1)]-Gehalt   = 2,16 g, d. i. pro die 0,098 g.

Hund „Guste". Auffütterungsversuch III.

Datum	Aufnahme			Ausgaben			N-Diffe-renz	Ge-wicht	Temperatur des Käfigs	Be-merkungen
	Speck	Fleisch		Harn-N	Kot-N	Summe				
	g	g	N							
15. VIII.	70	—	—	2,11	0,1	2,21	— 2,21	9,050	22	
16. »	33	430	15,91	7,22	0,28	7,50	+ 8,41	8,940	20	⎫ 8 h
17. »	33	430	15,91	12,92	0,28	13,20	+ 2,71	9,170	20	⎭ Knochen.
18. »	33	430	15,91	10,92	0,28	11,20	+ 4,71	9,180	20	
19. »	33	430	15,91	10,99	0,28	11,27	+ 4,64	9,200	20	
20. »	33	430	15,48	10,10	0,28	10,38	+ 5,10	9,230	20	
21. »	33	430	15,48	9,93	0,28	10,21	+ 5,27	9,230	19	
22. »	33	430	16,0	10,76	0,28	11,04	+ 4,96	9,230	18	
23. »	33	430	16,0	10,29	0,28	10,57	+ 5,43	9,130	18	
24. »	33	430	16,0	10,89	0,28	11,17	+ 4,83	9,010	17,5	
25. »	33	430	16,0	10,33	0,28	10,61	+ 5,39	8,920	17	
26. »	33	430	15,78	13,04	0,28	13,32	+ 2,46	8,920	18	
27. »	33	430	15,78	12,80	0,28	13,08	+ 2,70	8,830	18	
28. »	—	—	—	8,35	—	—	—	8,830	18	⎰ 8 h
29. »	—	—	—	—	—	—	—	8,530	18	⎱ Knochen.

1) 1 g Kot enthält N: I. 0,05340 g ⎫
                        II. 0,05164 g ⎭ 0,0525.

Anmerkung zu Auffütterungsversuch III.

18. VIII. Knochenkot.

19.   ›   Knochenkot.

23.   ›   Kot.

25.   ›   Kot.

26.   ›   Will nachmittags nicht mehr fressen; wird daher gestopft.

27.   ›   Kot. Frifst nicht mehr freiwillig, wird gestopft.

28.   ›   Kot. Da nicht mehr fressen will, zur Abgrenzung Knochen hingelegt, von denen er im Laufe des Tages frifst.

29.   ›   Kot.

Der Hund verfällt immer mehr trotz bester Pflege (Füttern mit einer Suppe von Hundekuchen etc.) und stirbt Anfang September.

Fleisch wird nicht ausgewaschen gegeben, sondern frisch.

16.—19. VIII. N-Gehalt in 1 g Fleisch: I. 0,0367 ⎱ 0,03699
II. 0,0372 ⎰

20.—21. › I. 0,0358 ⎱ 0,03603
II. 0,0362 ⎰

22.—25. › I. 0,0360 ⎱ 0,0372
II. 0,0384 ⎰

26.—27. › Mittel aus den vorhergehenden Proben: 0,03674 . . . .

$$0,0367 \cdot 430 = 15,78.$$

Im übrigen siehe Hungerversuch I.

Kot durch Knochen abgegrenzt vom 16. VIII. 8 h a. m. bis 28. VIII. 8 h a. m.
= 12 Tage.

Trockengewicht = 40,0 g, d. i. pro die 3,3 g

N[1]-Gehalt   = 3,3 g, d. i. pro die 0,275 g.

---

1) 1 g Kot enthält N: I. 0,08238 ⎱ 0,0825.
II. 0,08247 ⎰

Hund „Lotte". Hungerversuch III. N aus Blutglobulin zugeführt.

Datum	Speck g	Blutglobulin g	Blutglobulin N	Wasser ccm	Harn-N	Kot-N	Gewicht	Temperatur des Käfigs (Mittel)	Bemerkungen
8. XII.	Hundekuchen			200	3,54	—	6,150	16,5	
9. »	Hundekuchen			200	3,97	—	6,220	15	
10. »	Hundekuchen			200	3,58	—	6,100	15,5	
11. »	50	—	—	200 +	1,80		6,100	14	9 h. 25 g Kieselsäure per os. Kieselsäurekot.
12. »	50	—	—	200	1,46		5,960	13,5	
13. »	50	—	—	200	1,76		5,950	13	
14. »	50	12,6	1,76	200 +	2,60		5,820	14	
15. »	50	12,6	1,76	200 +	—		5,840	14	
16. »	50	—	—	200	1,60		5,790	13,5	
17. »	50	—	—	200	1,54		5,700	14,5	
18. »	50	—	—	200	1,61		5,700	13,5	
19. »	50	11,53	1,61	200 +	2,38		5,670	14,5	
20. »	50	11,53	1,61	200 +	2,06		5,690	14	
21. »	50	—	—	200	1,52		5,570	14	
22. »	Hundekuchen			200 +	—	—	—	—	9 h. 25 g Kieselsäure per os. Kieselsäurekot.

Kot-N-Spalte (über Zeilen 11–21): d. i. pro die / d. i. pro die / Trockengewicht 26,9 g, d. i.; N-Gehalt 1,01 g, d. i. 0,09 g / 2,4 g; N-Gehalt

Blutglobulin, von Höchst bezogen.

1 g enthält N: I. 0,1416 ⎱
                II. 0,1397 ⎰ 0,14065

wird mit warmem Wasser — ca. 400 ccm — angerührt, unter Zusatz
von etwas Kochsalz, per Schlundsonde gegeben, die nachgespült wird.

Ernährungsvorgänge beim Wachstum des Kindes.

Wachstumsgesetze und Individualität.

Das Wachstum des Kindes nach Größe und Massenzunahme ist für den Kinderarzt vielleicht eines der wichtigsten Vorkommnisse auf dem Gebiete der Kinderernährung überhaupt; es bildet die Grundlage zur Beurteilung einer normalen Entwicklung. Als zweite Seite des Problems kommen die Vorbedingungen normalen Wachstums, die Ernährungsfragen in Betracht.

Gewiß ist die mittlere Wachstumskurve aus Tausenden von Fällen abgeleitet für jede Spezies eine konstante Größe, aber von dem Mittelwerte weichen die Individualwerte ab mit kleinen Schwankungen in der Mehrzahl und mit großen Schwankungen als Ausnahmsfälle.

Die Unterschiede im individuellen Wachstum sind wohl meist angeboren, sozusagen Grundkonstanten des eigenartigen Lebens. Es gibt kein Mittel, die Wachstumseigentümlichkeiten zu verändern, jedenfalls kann die Ernährung nichts anderes erzielen, als dem individuellen Wachstumstrieb freie Bahn zu lassen. Den letzteren ursächlich abzuändern, vermögen wir nicht, es wäre die Absicht hierzu ein ebenso utopisches Ziel wie der Versuch einer Änderung der Lebensdauer im Sinne einer spezifischen Beeinflussung.

Eine noch so reichliche Ernährung vermag die in der Rasse und deren Vererbung gelegenen Größen- und Massenbegrenzungen nicht zu mehren.

Wir müssen also in der Kinderernährung uns darauf beschränken, die natürlich vorhandenen Wachstumstriebe zu fördern; diese sind sehr verschieden, und deshalb kann man auch nicht verlangen, daß jedes Kind »normal« wachse. Abweichungen von den Mittelwerten sind an sich noch kein Zeichen des »Ungesunden«.

Kann die Ernährung auch keinen Wachstumstrieb schaffen, so kann sie, wenn ungünstig und unzweckmäßig, doch zu einem Hemmnis des natürlichen Wachstums werden. Wachstumsbehinderung ist innerhalb gewisser Grenzen noch keine Ursache einer Existenzgefährdung, ein Kind, dem die Nahrung normales Wachstum hindert, stirbt deswegen durchaus nicht, es holt später leicht wieder ein, was es versäumt hat.

Wir wissen eigentlich gar nicht, ob die Natur ein absolut gleichmäßiges tägliches Wachstum verlangt, oder ob Remissionen zulässig oder gar zweckmäßig sind. Nur das steht sicher, daß die Behinderung des Wachstumstriebes, wie dies wirklich vorkommt, nicht während der ganzen Wachstumsperiode andauern darf, da sonst allerdings die Größe des Individuums dauernd Schaden leidet. Verlorene Körpergröße in der Jugendzeit kann nach Vollendung der Wachstumsperiode nimmermehr abgeglichen werden.

Neben den rein physiologischen Störungen des Wachstums durch ein zu geringes Angebot der Nahrung oder Steigerung der Funktionen des Körpers (Kälte) kommen für den Kinderarzt vor allem die Störungen der Ernährung im Sinne der Ernährungskrankheiten in Betracht. Diese näher zu erörtern, liegt mir fern. Sie werden naturgemäß am häufigsten sein in der ersten Zeit des Lebens, der kräftigsten Wachstumsperiode, weil da das meiste Ernährungsmaterial erfordert wird, die Verdauung die größten Leistungen zu machen hat, und die persönliche Hilflosigkeit des Säuglings ihn allen ungesunden Einwirkungen in verstärktem Maße aussetzt.

Die Natur hat für diese Periode bestimmt, daſs gar keine künstliche Wahl der Nahrungsstoffe eintreten soll. Mutter und Kind bleiben durch die Brust in unmittelbarem Kontakt, das Kind ist in der Ernährung noch ein Teil der Mutter, es akkommodiert sich nebenbei aber bereits den äuſseren Lebensbedingungen.

So innig dies Verhältnis ist, so sollte man es sich doch nicht gar zu schematisch vorstellen, die Beziehungen von Mutter und Kind — Nahrung und Bedarf — braucht man nicht als mathematisch geregelte anzunehmen. Das ist ja gerade die Eigenart des Lebenden, daſs es nicht auf eine starre Formel eingeschworen ist, sondern daſs es überall kompensatorische und regulatorische Vorgänge gibt.

So wird die Mutterbrust mit ihrer Nahrung, die sie bietet, nicht immer haarscharf auf die Befriedigung des Wachstumstriebes eingestellt sein, die Ausgleiche finden sich normalerweise dann nach der Brustnahrung.

Die Hauptschwierigkeiten der Ernährung beginnen jedenfalls mit der vorzeitigen Trennung des Kindes von der Brust und der künstlichen Ernährung. Die letztere versagt deshalb, weil man die inneren Vorgänge der natürlichen Ernährung in ihren Einzelheiten nicht genügend kennt, also sie auch künstlich nicht genau nachahmen kann, und weil man, rein empirisch betrachtet, auch die Dinge, die man bei künstlicher Ernährung der Muttermilch substituiert, gar nicht eingehend genug kennt.

Eine optimale Ernährung, wie die Wachstumsernährung sein muſs, stellt an die richtige Auswahl der Stoffe ganz andere Anforderungen als eine einfache Erhaltungsdiät.

Die Erforschung der künstlichen Ernährung des Säuglings ist in weitem Umfange auf die empirische Forschung angewiesen, und hier liegen groſse Hindernisse und Schwierigkeiten für die Beobachtung. Sie sind in einer vortrefflichen Eigenschaft aller Organismen, die für die Gesunderhaltung von gröſster Bedeutung ist, zu suchen, in der ›Akkommodations-‹ oder Funktionsbreite der Ernährung.

Die Kinderernährung mit künstlichen Mitteln würde noch viel mehr Mißerfolge aufweisen, wenn nicht das Kind schon die Fähigkeit der Akkommodation an eine auch recht wenig zweckmäßige Kost hätte. Wir Menschen müssen ja schließlich oft unter recht wechselnden Stoffwechselgleichungen leben, mit verschiedenartigen Nahrungsstoffgemischen, verschieden bemessenen Quantitäten, Resorptionsvarietäten usw., und doch gelingt die Ernährung. In dieser Akkommodationsbreite liegt ein großes Hindernis für das empirische Studium der Ernährung, weil der Körper auf das, was wenig zweckmäßig ist, ja mit der Zeit schädlich wirkt, nicht sofort mit Störungen reagiert.

In der Akkommodationsbreite der verschiedenen Ernährungsbedingungen wird es natürlich viele individuelle Abweichungen geben. Das eine Kind kann noch gedeihen, wo ein anderes zugrunde geht.

Der Begriff Akkommodationsbreite ist identisch mit dem Begriffe der funktionellen Leistungen überhaupt und gilt nicht nur auf dem Gebiete der Ernährung allein.

Ich habe schon gelegentlich meiner Untersuchungen über die Fettsucht darauf aufmerksam gemacht, daß man sich die Störungen durch Krankheiten ganz unrichtig vorstellt, wenn man glaubt, sie müßten sich gerade immer durch Beobachtungen am Ruhenden und gleichmäßig Ernährten äußern. Der Gesunde hat die maximalste Akkommodationsbreite bei variablen Lebensbedingungen; sie macht überhaupt den wesentlichen Inhalt der Individualität im ärztlichen und hygienischen Sinne aus; ihre Einschränkung bedingt den Begriff der Minderwertigkeit, des Ungesunden, der Krankheit.

So ist es beim Erwachsenen wie beim Säugling, auf dem Gebiete der Ernährung wie auf dem Gebiete der Muskel- und anderer Organleistungen. Man wird lernen müssen, für jede Krankheit festzustellen, in welchem Umfange Begrenzungen der funktionellen Leistungen, also Mangel an Akkommodationskraft vorliegt.

Das Studium der Ernährung des Kindes ist eine eminent wichtige Aufgabe. Aus der Fülle der verschiedenen »Möglich-

keiten« muſs das, was der Norm, d. h. den günstigsten Ernährungsverhältnissen entspricht, festgestellt werden.

In dieser Hinsicht ist aber bis jetzt auch die Ernährung
des Säuglings, wie sie durch die Mutter erfolgt, keineswegs genügend klargestellt.

Die Fortschritte in der Säuglingsernährung können auf
anderen Wegen angebahnt, doch nur durch die direkte Beobachtung am Säugling selbst am wesentlichsten gefördert werden.

Je m e h r Bedingungen des Lebens gleichzeitig dabei bei einem
Experiment verfolgt werden können, um so wichtiger ist es. Je
kleiner die Stücke sind, die man aus dem ganzen Ernährungs-
prozeſs herauslöst, je unvollkommener bekannt die Versuchsbedingungen sind, um so geringer der Wert solcher Experimente.
Lückenhafte Experimente sind schwer untereinander in Einklang
zu bringen und selbst aus groſsem Material ist es oft unmöglich, ein
verständliches Ganzes aufzubauen. Vor allem darf die wissenschaftliche Forschung nicht auf die Kontinuität der Arbeit verzichten. Die Sucht, mit Vernachlässigung des bisher Er-
rungenen nach neuem zu haschen, führt nur nach schädlichen
Irrfahrten zum Rechten zurück. Der naturwissenschaftlich
denkende Forscher muſs die wissenschaftlich feststehenden Tatsachen k e n n e n und auf i h n e n weiterbauen.

So wichtig und unabweislich auch die direkte Beobachtung
am Säugling ist, so schlieſst sie aber nicht aus, daſs wir auf
dem Boden der vergleichenden Ernährungsphysiologie mit wichtigen, die Säuglingsernährung betreffenden Fragen bekannt werden
können, deren Ergebnis einen Ansporn für die erstere zu bieten
in der Lage ist. Die Säuglingsphysiologie muſs in steter Be-
rührung mit der Physiologie des Wachstums überhaupt bleiben.
Denn es ist klar, daſs viele Fragen am Säugling nur beschränkt
lösbar sind, weil er eben nicht beliebig den Bedingungen des
Experiments unterworfen werden kann, und weil die Natur uns
durch die Eigenarten verschiedener Spezies ihren Plan oft besser
klarlegt, als er sich an einer Spezies ergründen läſst.

Gewisse Grundgesetze finden sich bei allen Warmblütern
wieder, wie wir es in der Ernährung des Menschen und der

Säugetiere überhaupt sehen; daneben kommen die Eigenarten der Spezieseernährung in Betracht.

Die Ernährungsphysiologischen Probleme beim wachsenden Organismus bedürfen noch in sehr vielen Richtungen hin der Erweiterung und Bearbeitung, denn eine eingehendere Betrachtung dieser Fragen bringt auch die moderne Literatur nicht.

Zum Verständnis des Wachstums gehört die Darlegung der Funktion der einzelnen Nährstoffe (natürlich auch der anorganischen), der Stoffwechsel, es gehört aber weiter dazu die Kenntnis des Kraftwechsels, da die reine Betrachtung des Stoffwechsels über eine rein empirische Feststellung nie hinauskommt, und die Erkenntnis des Wachstums ohne die energetische Kritik ganz unmöglich ist.

Die eine große Unbekannte auf dem Gebiete der Wachstumsphysiologie ist der Wachstumstrieb, der in gesetzmäßiger Weise den Gang der Entwicklung, Massenzunahme, durch die Regelung der Ernährung leitet. Den Urgrund hat dieser Wachstumstrieb in der Geschwindigkeit der Kernteilung; wie wir noch sehen werden leitet sich hieraus der ganze Prozeß des Stoffumsatzes ab. Die Kernteilungsgeschwindigkeit ist offenbar etwas der Spezies Eigentümliches, somit sind wir nicht in der Lage, vorläufig tiefer in dieses Problem vorzudringen. Die endliche Begrenzung des Wachstums mit Erreichung der durchschnittlichen Größe und ähnliches werde ich in der nächstfolgenden Abhandlung eingehender besprechen.

Dem Wachstumstrieb gegenüber steht die Nahrung, welche aber nur einen temperierenden Einfluß auf die Möglichkeit des Grades des Wachstums ausübt.

Soweit die natürliche Ernährung in Betracht kommt, wird die Brust der Mutter im allgemeinen bieten was nötig ist. Es ist aber dies in jedem Einzelfall, von pathologischen Vorkommnissen auch ganz abgesehen, nicht immer der Fall. Die Wachstumstendenz eines Kindes erhält seinen Antrieb durch Vererbung, ja nicht von der Mutter allein, sondern auch vom Vater. Es ist sehr wohl möglich, daß bei Kindern, welche später als Ausgewachsene sehr bedeutende Größe erreichen, schon im frühen Lebensalter mehr Nahrung verlangen als die Mutter bieten kann. Ist eine Retardierung des Wachstums dann die Folge, so hat das zweifellos keinen besonderen Schaden, da ja solche »Ausfälle« im Wachstum später leicht wieder eingeholt werden.

Entwicklung der Lehre vom Stoffwechsel und Kraftwechsel der Säuglinge.

In der vorherigen Abhandlung habe ich die Erscheinungen der Ernährung des erwachsenen Organismus geschildert und zu einer Theorie geordnet.

Es ist ein merkwürdiges Zusammentreffen, dafs man bei den Tieren wie bei den Menschen das Studium der Ernährungsvorgänge der Säuglingszeit so aufserordentlich spät unternommen hat, und dafs ein solches Problem nur wenige fesseln konnte.

Um ein Bild der Entstehung unserer heutigen Vorstellungen vom Stoffwechsel des Kindes und jugendlichen Personen überhaupt zu geben, braucht man historisch nicht weit auszuholen, die Entwicklung dieser Frage reicht kaum 25—30 Jahre zurück.

Rein empirisch hatte sich der Gedanke herausgebildet, dafs die Säuglingsperiode verhältnismäfsig einen grofsen Nahrungsbedarf bedingt. Als Voit zu Anfang der achtziger Jahre des vorigen Jahrhunderts seine Ernährungslehre schrieb, konnten eben die ersten Gesichtspunkte über den Stoffwechsel beim Wachstum gegeben werden.

Der Stoffwechsel des Kindes wurde damals aus der Eigenart seines Zellaufbaues, den Eigentümlichkeiten der Zelle und aus den Arbeitsfunktionen zu erklären versucht.

Die Darstellung des Wachstumsstoffwechsels ruht ausschliefslich auf den vortrefflichen Untersuchungen über den Stoffwechsel des Saugkalbes von Soxhlet. (Wien 1878. Erster Bericht über Arbeiten der k. k. landw. chem. Versuchsstation aus den Jahren 1870 bis 1877.)

Voit sagte nach dem damaligen Stande des Wissens über den kindlichen Stoffwechsel »man meint für gewöhnlich, in

einem jugendlichen Organismus gehe ein besonders reger Stoffwechsel vor sich. Die kindlichen Gewebe besitzen jedoch gewisse, den Stoffumsatz beeinträchtigende Eigenschaften; die
Organe, namentlich die Muskeln, die Leber, das Gehirn, sind
nämlich reicher an Wasser und ärmer an fester Substanz; mit
dem Wachstum nimmt der Wassergehalt anfangs rascher, dann
langsamer ab. Dagegen wird der Verbrauch an Eiweiß be-
günstigt durch die geringe Fettablagerung in der ersten Lebenszeit und dadurch, daß ein kleinerer Organismus verhältnismäßig mehr davon nötig hat«, und weiter »die Zersetzung der
N-freien Stoffe ist im jungen Tier wahrscheinlich relativ
geringer, da es zwar lebhafte körperliche Bewegungen macht,
aber verhältnismäßig wohl nicht soviel leistet wie der Arbeiter.«

Im weiteren akzeptierte Voit die Anschauung daß das
Saugkalb, als Typus des wachsenden Tieres, zwar viel Eiweiß
verzehre, aber wenig verbrauche und viel im Wachstum ansetze.
Hinsichtlich des Verbrauchs von Nahrung überhaupt, schätzte
Soxhlet beim Saugkalb den Verbrauch an »Kohlenstoff« (Stoffumsatz) so hoch ein wie den eines gleich schweren, mit Mastfutter genährten Schafes und meint, daß das Saugkalb bezüglich der N-freien Stoffe in der Zersetzung sich nicht anders
verhalte als ein erwachsenes Tier gleicher Größe, das ähnlich
gefüttert wurde. Doch fußen diese Angaben nicht auf direkten
Experimenten an dem Vergleichstier Schaf, sondern auf der Annahme, daß letzteres bei Mastfutter die C-Ausatmung ebenso
steigern werde, wie dies bei Hammel zwischen Beharrungs- und
Mastfutter geschieht.

Bei diesen noch unvollkommenen Kenntnissen und der Unsicherheit in der Deutung der tierphysiologischen Experimente,
muß es uns nicht wundernehmen, daß man über die Leistungen
der Säuglinge noch weit weniger sicher war. Und wenn man
auch schon durch Ahlfeld und Camerer eine Reihe von
Feststellungen über den Milchverbrauch besaß, und den Entwicklungsgang des Nahrungsbedürfnisses in andern Altersstufen,
selbst im Knabenalter kannte, so kam man über die rein
statistischen Erhebungen des Nahrungsbedarfes auch nicht hinaus.

Durch die Untersuchungen über die isodyname Vertretung der Nahrungsstoffe kamen wir zur Möglichkeit der Aufstellung des Begriffs Gesamtkraftwechsel, zur Aufstellung einer Zahl, die die Leistungen aller Nahrungsstoffe in einheitlichem Maße ausdrückte.

Die kalorimetrischen Untersuchungen gaben den Stützpunkt für die Berechnung des Kraftwechsels. Untersuchungen an Tieren führten zum Beweis des Oberflächengesetzes, und die Durchrechnung des vorliegenden Materials der Säuglingsernährung, und der Ernährung jugendlicher Personen zur Erkenntnis, daß der Erhaltungsstoffwechsel der Jugend und bei Erwachsenen beim Menschen gleichfalls dem Oberflächengesetz gehorcht, worüber sich übrigens vor kurzem auch Camerer nochmals ausgesprochen hat (Jahrbuch f. Kinderheilkunde, N. F. LXVI, S. 129).

Der Wert dieses biologischen Grundgesetzes liegt in der Möglichkeit den Kraftwechsel aller Altersstufen bis zum vollendeten Wachstum und weiter in ein mathematisches Abhängigkeitsverhältnis zu bringen, er liegt auch darin, daß für wissenschaftliche Fragen die bis dahin »Unbenannte«, der Einfluß der Körpergröße durch Rechnung eliminiert werden kann.

Es lassen sich also an derselben Spezies die einzelnen Entwicklungsstadien verfolgen, und der Nahrungsverbrauch stufenweise vergleichen, und das ist eben das wichtigste für den vorliegenden Zweck.

Das Oberflächengesetz gilt unter allen physiologischen Lebensbedingungen, zu seinem Beweise ist aber sinngemäße Voraussetzung, daß nur Organismen mit gleichartigen physiologischen Leistungen, was Ernährung, klimatische Einflüsse, Temperament und Arbeitsleistung betrifft, verglichen werden.

Auf Grund meiner Untersuchungen konnte ich schon früher den Säuglingskraftwechsel genauer präzisieren (Biol., Bd. XXI, S. 398, 1885), ich habe gezeigt, daß der Säuglingskraftwechsel (ohne den Ansatz) um einiges höher liegt, als der Ruhestoffwechsel bei dem Erwachsenen, und daß ersterer 1221 Kal. pro qm und

24 Stunden, letzteres 1189 Kal. beträgt, der **Anwuchs** in der ersten Zeit wurde zu 31 Kal. für den Säugling geschätzt (siehe Biol. XXI., S. 392), was rund 103 Cal. pro 1 qm ausmacht, so daſs alles in allem also 1324 kg Kal. pro 1 qm herauskamen.

Der Erwachsene bei mittlerer Arbeit verbraucht 1399 kg Kal., daraus folgte, daſs der Säugling in der ersten Zeit bei fast absoluter Muskelruhe, wie er sie pflegt, seine **Verdauungsorgane nur soweit belastet**, als es ein Erwachsener bei Arbeit tut. Weil er aber ruht und für Muskelbewegungen wenig verbraucht, kann er die Nahrungsstoffe reichlich zum Wachstum verwerten.

An diesen Anschauungen haben auch alle späteren genauen und eingehenderen Versuche über den Kraftwechsel nichts wesentliches geändert.

Durch diese Feststellungen sind wir einen auſserordentlichen Schritt in der Erkenntnis des Wachtumsstoffwechsels weiter gekommen. Mit dem Begriff **Wachstum** hatte man unwillkürlich, indem man sich der wichtigen morphologischen Veränderungen der Zelle und die Aktion des Zellkerns vor Augen hielt, immer den **Gedanken an einen enorm gesteigerten Stoffwechsel** verbunden und der jugendlichen Zelle wies man auch sonst in dieser Richtung eine besondere Stellung zu. Durch meine Untersuchungen ist hier Klarheit geschaffen worden. Die jugendliche Zelle hat einen Kraftwechsel, der sich schon aus der »Kleinheit« jugendlicher Organismen ableiten läſst und selbst **wachsend**, das sieht man aus den berichteten Beobachtungen, beansprucht sie ein sehr bescheidenes Maſs von Nahrung, das über die direkt zum Ansatz verwendeten Stoffe nur unwesentlich hinausgeht. Ich werde aber diese Gröſsen »überschüssiger Nahrung« noch exakter bestimmen. **Der Charakter der Jugendlichkeit besteht vor allem in dem Wachstumstrieb**, der sich mit dem Alter verliert, und **anderen funktionellen Leistungen**, die aber mit dem Kraftwechsel an sich nichts zu schaffen haben.

Diese, wenn auch nur vorläufige Berechnung des Kraftwechsels des Säuglings, die aber immerhin genaue Konsumbestimmungen der Milch zur Grundlage hatten, orientierte zugleich in quantitativer

Hinsicht uns dahin, daſs für den Säugling des Menschen, auch zur Zeit seines kräftigsten Wachstums keine allzugroſse Nahrungsaufnahme notwendig ist, und jedenfalls für den Säugling die Vorstellung, daſs eine Art Mastkost zum normalen Leben des Säuglings gehöre, unzutreffend ist.

Durch diese Behauptung will ich durchaus nichts präjudizieren hinsichtlich der Ernährung der Tiere, wie sich dort die Verhältnisse stellen, ist zurzeit, wie ich meine, ganz unsicher.

Ich muſs nun wieder zurückgreifen auf den Wissensstand der siebziger Jahre des vorigen Jahrhunderts. Man beschäftigte sich damals nicht mit dem Probleme des Kraftwechsels, sondern mit dem Stoffwechsel in engerem Sinne und, wie dies ein Zeichen der damaligen Periode der Forschung war, man stellte den Eiweiſsstoffwechsel allem anderen voran. Das hat, wenn man so sagen will, beim Säugling anscheinend insoweit eine gewisse Berechtigung, als ja das Wachstum selbst eine Ablagerung von Eiweiſsstoffen ist; daneben kommt der Eiweiſsumsatz, d. h. die Zerstörung desselben in Betracht.

Man dachte sich den Eiweiſsstoffwechsel des wachsenden Tieres anders geordnet wie beim Erwachsenen, so vor allem bezüglich der Ablagerungsmöglichkeit des Eiweiſses.

Massenzunahme des Körpers heiſst man beim Ausgewachsenen »Ansatz«. So entstand die Frage, ob Ansatz und Wachstum, ersteres beim Erwachsenen, letzteres beim Säugling, genau in der gleichen Weise verliefen, wenn dieselbe Kost gegeben wird.

Man glaubte, einen Gegensatz zwischen Wachstum und Ansatz, weniger, was doch naheliegend gewesen wäre, in dem morphologischen Unterschied als vielmehr darin zu sehen, daſs Ansatz beim Erwachsenen nur unter groſsem Eiweiſsüberschuſs zustande komme und auſserdem nur kurze Zeit währe. Ich kann nur zugeben, daſs Fälle dieser Art nicht selten sind, aber eine allgemeine Gültigkeit kann man dieser Annahme nicht mehr zusprechen. Man darf nicht vergessen, daſs das Nährstoffverhältnis zwischen Eiweiſs- und N-freien Stoffen bei Wachsenden und Ausgewachsenen ganz wechselnd sein kann. Ich habe gesehen, daſs aber unter ähnlichen Nährstoffverhältnissen wie es beim jungen

Tier die Regel ist, auch beim ausgewachsenen länger dauernder
Ansatz erzielt wird, aber eines versteht sich von selbst, die
Variante des Erfolges der Aufspeicherung von Eiweiß ist verschieden. Daß der Ansatz beim Ausgewachsenen eher zum
Stillstand kommt als das Wachstum ist etwas ganz Selbstver-
ständliches. Beim Wachstum wird eben von der Zelle immer
wieder Platz für die Eiweißablagerung geschaffen, weil neue
Zellen gebildet werden und bei der Rekonstruktion füllen sich
nur solche Zellen, in denen ein Mangel vorhanden ist. Das
wachsende Tier vermehrt allmählich sein Gewicht auf das 20
bis 30 fache des Neugeborenen, die sich rekonstruierende Zelle
kommt selten über die Verdoppelung der Masse hinaus.

Damit wird aber kein neuer Gesichtspunkt gewonnen, denn
daß nur junge Tiere wachsen und alte nicht, bedarf keiner
weiteren Erläuterung. Über den Kernpunkt der Frage, ob nämlich
die Anziehung für das Eiweiß der Nahrung in der Jugend eine
andere ist als später, ist aus dem Umstand der großen Länge
der Dauer des Wachstums gegenüber dem kürzer währenden
Ansatz gar nichts zu schließen. Das Wachstum könnte durch
dieselben, auch sonst beim Ansatz wirkenden Kräfte vermittelt
werden, und der große Zuwachs nur das Produkt der länger
dauernden Ansatzmöglichkeit sein.

Für entscheidende Experimente auf diesem Gebiete müßten
ganz besondere Voraussetzungen gemacht werden, man kann
großen Ansatz nur sehen, wenn die Zellen durch Hunger
stark heruntergekommen sind und dann wieder genährt werden.
Hiermit müßte man unter genauer Einhaltung der physiologischen
Versuchsbedingungen dann normale Fütterungsversuche am
wachsenden Tiere anstellen.

Andere Argumente für die Eigenartigkeit des Säuglingsstoffwechsels wollte man dann in der großen Eiweißaufnahme und
der kleinen Eiweißzersetzung sehen.

Was die Beurteilung der Größe der Eiweißaufnahme anlangt,
so war man früher immer wieder gezwungen zu diesem Behufe verschiedene Tierspezies untereinander zu vergleichen, wobei
man die ungleichen absoluten Zahlen und Tiergewichte durch

Berechnung pro Kilo zu beseitigen suchte, was erst recht wieder zu Unsicherheiten führte, weil ja doch alle kleinen Tiere pro Kilo einen hohen Eiweifskonsum (und Fettverbrauch) zeigen.

Aber auch wenn Soxhlet die Nahrungsaufnahme des Kalbes zwecks Anschlufs ungleichen Körpergewichtes mit dem Nahrungskonsum des Hammels bei Mastfütterung vergleicht und ersteres 0,784 g N pro Kilo und Tag und letzterer nur 0,520 verzehrt, so war dabei, ganz abgesehen von der doch mindestens nicht gesicherten Annahme, dafs Kalb und Hammel überhaupt vergleichbar sind, das Resultat nicht im Sinne spezifischer Verschiedenheit der Ernährung bei Jung und Alt zu verwerten, weil bei der Milchdiät des Kalbes 27%, beim Mastfutter des Hammels nur 16% der Nahrung Eiweifsstoffe sind. Man kann immerhin annehmen, dafs das Kalb vielleicht sicher auf obige N-Menge gekommen wäre, wenn es verdünnte Milch mit geringer Eiweifsmenge hätte trinken müssen. Es ist übrigens durchaus zweifelhaft, ob der Versuch Soxhlets an Kälbern für die Verhältnisse der Brusternährung verallgemeinert werden darf, da diese Versuchstiere Milch aus der Flasche getrunken hatten und deshalb ihr Eiweifsverbrauch ein gröfserer geworden sein kann.

Im Gegensatz zur grofsen Eiweifsaufnahme sollte, wie man sagte, aber die Eiweifszersetzung eine sehr niedrige sein; dieser Beweis liefs sich damals nur durch einen Vergleich des Kalbes (65 Kilo) mit dem Stoffwechsel des Hundes (33 bis 36 Kilo), des Schafes (45 Kilo) und des Menschen (60—70 Kilo) erbringen (l. c. S. 26), allein die Vergleiche sind, wie wir jetzt sagen dürfen, dadurch getrübt worden, dafs das herangezogene Material, sowohl was die Gröfse als die Art der Nahrungszufuhr und den Körperzustand der Organismen anlangte, nicht den zu stellenden Bedingungen entsprach. Wenn man mit dem wachsenden Kalb Versuche an Tieren und am Menschen im N-Gleichgewicht verglichen hat, so besagt eben schon letzteres, dafs der Körper in dem Zustand sich befindet, wo er nicht mehr ansetzen kann, während der Vergleich sich gerade beim Erwachsenen auch auf die Fälle noch nicht erreichten Gleichgewichts hätte beziehen müssen.

Beim Menschen wurde (Soxhlet S. 28) angenommen, daſs
dieser 0,271 g N pro Kilo Eiweiſs umsetzt, das Kalb 0,204; demgegenüber wissen wir heute, daſs die Werte für den Menschen
zu hoch sind, wir kennn Fälle, bei denen vom Menschen bei aus-
reichender Ernährung nur 0,08 g N pro Kilo verbraucht werden,
und doch noch nicht die unterste Grenze des N-Verbrauches
darstellen, demgegenüber wäre also beim Saugkalb der Eiweiſsumsatz nicht klein, sondern groſs zu nennen.

Wenn man auſserdem früher glaubte, ein Charakteristikum
des Wachstums sei es, daſs von dem aufgenommenen Eiweiſs
der gröſsere Teil angesetzt, beim Erwachsenen der gröſsere
Teil zersetzt werde, so war auch dies kein zutreffendes
Kriterium. Ich habe beim Menschen bei reiner Eiweiſskost gesehen, daſs bei 79 g N-Zufuhr im Tage nur 23 g N umgesetzt
und 56 g N angesetzt wurden, genau wie man es als ein Charakteristikum der eigentlichen Wachstumsperiode angesehen hatte.

Ich glaube also, daſs der Schluſs, das wachsende Tier nehme
im allgemeinen sehr viel Eiweiſs auf und zersetze abnorm wenig,
durch die älteren Versuche, weil die Ernährungswissenschaft erst
in der Entwicklung war, nicht bewiesen werden konnte.

Die Erklärung, welche man für die angebliche geringe
Eiweiſszersetzung gab, war folgende, man sagte: Die wachsenden
Zellen nehmen das Eiweiſs für sich weg, dann bleibe nichts
mehr für die Zerlegung übrig (Voit, Ernährungslehre, l. c.
S. 357.), der wachsende Eierstock des Lachses, die milchgebende
Brustdrüse, ein wachsender Tumor mache es ebenso.

Diese Analogie führt aber keineswegs zwingend zur Annahme eines kleinen Eiweiſsverbrauches.

Diese Erklärung ist nur unter einer Voraussetzung zutreffend, nämlich dann, wenn durch Hinwegnahme des Eiweiſses
zwecks Wachstum, durch diesen relativen Eiweiſsmangel nicht
wieder, ein Bedürfnis nach Eiweiſs entsteht, das gedeckt werden
muſs. Die Annahme Voits ist unter dem Gesichtspunkt zu
betrachten, daſs man früher glaubte, die Eiweiſszersetzung sei
nur durch die Menge des zirkulierenden Eiweiſses zu erklären,

ändere sich diese Menge, dann müfste auch die Zersetzung eine andere werden. Unter dieser Annahme war immer eine bestimmte aber entbehrliche Menge Eiweifs vorhanden. Diese Annahme ist aber heute aufgegeben und kann zur Erklärung a priori nicht als Voraussetzung angenommen werden.

Ist aber ein Organismus auf dem Minimum seines Eiweifsverbrauches angekommen, so wird ein wachsender Tumor, der aus dem Nahrungsstrom Eiweifs entnimmt, nur die Wirkung haben, dafs der Körper Eiweifs aus anderen Organen hergeben mufs und eine Mehrung des Eiweifsverbrauchs vorhanden ist. Man könnte also geradezu annehmen, dafs das Eiweifs zum Wachstum nur deshalb und insoweit benutzt werden kann, als es eben für den Stoffwechsel überhaupt entbehrlich und im Überschufs vorhanden ist.

Wenn Tiere und Menschen, die nicht wachsen, einen gröfseren N-Verbrauch haben sollten als wachsende, so braucht das nicht mit einer spezifischen Eigenart des Stoffwechsels des wachsenden und nicht wachsenden Körpers zusammenzuhängen, sondern nur damit, dafs eben der Ausgewachsene wenn er mehr Eiweifs geniefst als seinem minimalsten Eiweifsbedarf entspricht, nichts anderes tun kann, als dieses Mehr an Eiweifs zu zerstören. Für die Erklärung spezifischer Eigentümlichkeiten des Eiweifsstoffwechsels kommen wir auf diesem Wege also nicht weiter.

Zu einer anderen Anschauung über den Eiweifsstoffwechsel des Kindes war ich auf dem Wege gelangt, dafs ich die Beteiligung der einzelnen Nahrungsstoffe an der Wärmebildung für die verschiedenen Altersklassen des Menschen berechnete, wobei sich herausstellte, dafs in der Nahrungsaufnahme des Säuglings das Eiweifs kaum anders prozentig sich beteiligt wie später (Biol. Bd. XXI. 1885, S. 407), und da sein Gesamtstoffwechsel nicht gröfser sich erwies als der des Erwachsenen bei Arbeit, so liegt es auf der Hand, dafs beim Menschen von einer reichlichen Eiweifsaufnahme des Säuglings überhaupt nicht gesprochen werden konnte. Dieser Satz ist durch keinen der späteren eingehenderen Versuche entkräftet worden.

Unsere Einsicht in den Säuglingsstoffwechsel hat seit Ende der achtziger Jahre sehr erfreuliche Fortschritte gemacht. Diese Fortschritte beziehen sich in erster Linie auf die Erweiterung unserer Kenntnisse über die Milch als Nahrungsmittel und hinsichtlich eigentlicher Bilanzversuche am Säugling selbst.

Zuerst hat O. Heubner auf dem Internationalen Kongreß für Hygiene und Demographie zu Pest mitgeteilt, daß nach Analysen von Fr. Hofmann in Leipzig der Eiweißgehalt der Muttermilch statt 3 % wie man ihn meist angenommen, nur 1,03 % betrage. Diese Angaben haben sich durchaus als zutreffend erwiesen. Weitere wesentliche Beiträge zur Erkenntnis der Frauenmilch lieferten dann Camerer und Söldner (vgl. Biol. Bd. XXXIII, S. 43 und 66); sie geben für Frühmilch (etwa zwei Wochen nach der Geburt) pro 100 g **1,52 Eiweiß** (berechnet aus N·Gehalt × 6,34), **Fett 3,28** und Zucker **6,50** (s. auch Camerer, Biol. Bd. XXXIII S. 320 ff.). Weiterhin sind mehrfach noch Analysen der Muttermilch mit gleichen Ergebnissen ausgeführt worden (siehe auch bei Heubner und Rubner Biol. Bd. XXXVI, S. 44, Bd. XXXVIII, S. 328. Dieselben Zeitschr. f. experim. Path. und Therapie, 1. Bd., S. 1).

Nach den ungenauen Analysen der früheren Zeit hatte ich im Jahre 1885 noch annehmen müssen, daß im Säuglingsalter von 100 eingeführten Kalorien 18,7 auf Eiweiß träfen (Biol. Bd. XXI., S. 408); schon damit fiel wenigstens die frühere Behauptung, daß die Kost des Säuglings (Muttermilch) besonders eiweißreich sei, und ich hatte damals auch bemerkt: »Was die Säuglingskost charakterisiert, ist keineswegs ein hoher Gehalt an Eiweiß, denn die Zahl 18,7 weicht nicht viel von dem Mittel für Erwachsene ab; das Charakteristische ist der hohe Fettgehalt.«

Wenn man aber die Zahlen Camerers und Söldners hinsichtlich der Beteiligung der Eiweißkalorien an der Gesamtzahl ausrechnet (1 g N = 6,34 Eiweiß; 1 g Eiweiß = 4,4 Kal., 1 g Fett 9,2, 1 g Milchzucker = 3,9 Kal. Siehe Biol. Bd. XXI, S. 392 und Biol. Bd. XXXVI, S. 55, Anmerkung), so kommt man nur mehr auf

10,9 % Eiweifskalorien, in den von Heubner und mir angegebenen Fällen nur auf 9,9% bis zu 7,8% (Zeitschr. f. exp.
Path. u. Ther. I. S. 6). Das macht also gerade 50% weniger
Eiweifskalorien als selbst nach den besten Analysen
des Jahres 1885 angenommen werden konnte.

Die Kost des Säuglings ist also nicht eiweifs-
reich, sondern aufsergewöhnlich eiweifsarm.

Das ist eine Tatsache, die auch zur Beurteilung für die Bedeutung des Eiweifsverbrauchs im späteren Lebensalter von
Wichtigkeit erscheint. Wenn der Mensch in der wichtigsten
Periode seines Lebens mit kleinen Eiweifsmengen auskommt,
obschon er wächst, sollte er später wirklich zu einem viel reich-
licheren Genusse von Eiweifs von Natur gezwungen sein?

Diese Erkenntnis des geringen Eiweifsbedarfes des wachsenden Menschen ist eine fundamental bedeutungsvolle
Tatsache und zugleich eine warnende Mahnung, nicht nach
aprioristisch gefafsten Ideen vorzugehen, sondern nur auf Grund
genauer experimenteller Untersuchung.

Noch überraschender war der weitere Befund, dafs trotz
des kleinen N-Gehaltes die Muttermilch gerade noch aufserdem
eine erhebliche Menge von N führt, der nicht Eiweifs ist
(J. Munck, Camerer und Söldner, siehe Biol. Bd. XXXIII,
S. 550, Rubner und Heubner, daselbst Bd. XXXVI, S. 46),
doch will ich diese Frage fernerhin nicht weiter behandeln.

Wie grofs nun bei der geringen N-Aufnahme der tat-
sächliche Eiweifsansatz und -umsatz sich verhält, kann auch
nur durch direkte Experimente entschieden werden. Ehe ich
aber darauf eingehe, habe ich eine andere wichtige Frage des
Gesamtstoffwechsels zu behandeln.

Die Gröfse des Nahrungsüberschusses bei optimalem Wachstum des Säuglings.

Mit dem Begriff einer Diät, die zum Wachsen eines Organismus bestimmt ist, war in der älteren Literatur der Gedanke
an eine sehr reichliche Nahrungszufuhr unlöslich verbunden.

7

Wenn man unter Erhaltungsdiät jene Nahrungszufuhr bezeichnet, die eben hinreicht, ein Gleichgewicht der Einnahmen
und Ausgaben an Nährstoffen zu bezeichnen, so dachte man
sich demgemäß die Wachstumsdiät ungemein viel reicher als
eine solche Erhaltungsdiät, woraus folgen würde, daß das Wachstum eventuell nur unter der Voraussetzung einer gewissen
Nahrungsverschwendung zustande käme.

Besondere strikte Beweise hatte man freilich dafür kaum
anzuführen; es war mehr eine traditionelle, wenn auch unbeweis-
bare Anschauung geworden. Hiermit verband sich die unrichtige
Idee, als sei zum Wachstum nichts weiter notwendig, als Stoff-
massen in den Körper hineinzubringen.

Derartige Anschauungen müssen und können auf Grund des
Gesetzes des Stoff- und Kraftverbrauchs im Tierkörper eingehend
geprüft werden.

Ich muß mich daher, um den Säuglingsstoffwechsel verständlich zu machen, mit den hier einschlägigen Ernährungsgesetzen
etwas näher beschäftigen, zumal auch die neuere Literatur keineswegs immer sachverständig bedient worden ist. Der menschliche Stoffwechsel hat auch Eigentümlichkeiten, die ihn vielfach
anders als den der übrigen Säuger erscheinen lassen.

Selbstredend muß zum Wachstum mehr geboten werden
als eine Erhaltungsdiät. Die Kost muß über letztere hinaus
gehen und »abundant« werden, wie ich aus bestimmten Gründen
diesen Zustand genannt und von der Erhaltungsdiät geschieden
habe.

Die Zuführung von Nahrung über die Erhaltungsdiät hinaus
steigert, wenn wir die Frage zunächst allgemein fassen, in
der Regel die Größe der Wärmeproduktion, aber nicht immer.

Bei Tieren ist es möglich, zu beweisen, daß eine über den
Erhaltungsbedarf hinaus gehende Nahrungszufuhr ohne weitere
und ohne jegliche Steigerung der Wärmebildung zum Ansatz gelangt; am leichtesten sieht man dies bei Fett- und
Kohlehydratzufuhr, es ist aber in beschränktem Maße auch bei
Eiweiß zu sehen, — in allen Fällen muß als Voraussetzung
gegeben sein — niedrige Temperatur der Umgebung, — wobei

die Tiere durch die chemische Wärmeregulation ihre Körperwärme erhalten.

Sind die Nahrungsüberschüsse über die Erhaltungsdiät sehr
grofs oder ist die Lufttemperatur, bei welcher die Beobachtungen
stattfinden, hoch, so ist die Mehrproduktion an Wärme mitunter recht bedeutend (spezifisch-dynamische Wirkung[1])).

Der Mensch hält sich stets in so warmer Umgebung, dafs
jede Kostzufuhr eine Steigerung der Wärmeerzeugung zur Folge
hat, einen Ansatz von Stoffen im Wachstum kann man
beim Menschen ohne diesen Tribut an Vermehrung der
Wärmeerzeugung nicht erreichen.

Wie meine darauf gerichteten Untersuchungen (s. G. d. E.
V. S. 327) ergeben haben, liegt es bei dieser Mehrerzeugung von
Wärme durch die Nahrungsaufnahme, insbesondere wenn Nahrungsmischungen wie es beim Menschen die Regel ist, in Frage kommen,
nicht etwa wie bei dem Chemismus der Muskelarbeit, wo einem
relativ kleinen mechanischen Nutzeffekt, grofse Aufwendungen an
Wärmeerzeugung gegenüberstehen, sondern umgekehrt, die letztere
ist verhältnismäfsig klein, bei Kohlehydraten und Fett sogar
sehr klein.

Wir müssen nunmehr versuchen, diese Gröfse der Steigerung des Kraftverbrauchs über das Mafs des Hungerstoffwechsels
oder auch der Erhaltungsdiät hinaus, im Verhältnis zum Nutzen
des Körpers durch Wachstum in Beziehung zu setzen.

Schon allgemeine Erwägungen lassen voraussagen, dafs das
Säuglingswachstum nicht unter dem Einflufs einer sehr bedeutenden überschüssigen Nahrungszufuhr zustande kommt. Denn
sollte wirklich das kindische Wachstum erst bei grofsen Nahrungsüberschüssen zustande kommen, so wäre die Muttermilch so unglücklich wie möglich aufgebaut, weil man, um in diesem Sinne
nährend zu wirken enorme Flüssigkeitsmengen einführen müfste.

Auch durch andere Erwägungen läfst sich die Gröfse des
Nahrungsüberschusses näher begrenzen.

---

[1] Wie schon in den vorhergehenden Arbeiten näher auseinandergesetzt,
hat dieser Vorgang gar nichts mit der früheren Annahme einer Darm- oder
Drüsenarbeit gemein.

Schon 1885 habe ich eine annähernde Rechnung über das Verhältnis zwischen Stoffwechsel und Ansatz beim Säugling angestellt und zwar nach der damaligen Angabe von Camerer (Biol. Bd. XIV S. 388) und Forster (Handbuch der Ernährungslehre S. 127) über die Milchaufnahme der Säuglinge. Bei dem 4,03 kg schweren Säugling schätzte ich den Gesamtkraftwechsel auf 399 Kalorien pro Tag. Den täglichen Anwuchs des Säuglings entnahm ich aus Camerers Versuchen zu 31,03 g pro Tag und berechnete den Kalorienwert des Ansatzes zu 31 g Kalorien pro Tag. Daraus folgte

Gesamtkalorien der Zufuhr (rein)   399

Wachstums-Ansatz   31   (physiol. Nutzwert)

Kalorien aus Stoffumsatz . . .   368.

Die zum Ansatz bestimmte Substanz würde nach dieser Schätzung 7,84 % der Gesamtkalorienzufuhr betragen haben.[1]

Wie bekannt, läfst sich durch Beseitigung des störenden Einflusses ungleichen Gewichts der Kinder und Erwachsenen durch Berechnung auf gleiche Oberfläche ein Vergleich des Kraftwechsels beider anstellen, wobei ich fand, dafs der Ruhestoffwechsel des Säuglings etwas höher liegt als jener des Erwachsenen. Dies beweist eine Mehrproduktion an Wärme, die als Wirkung der überschüssigen Kost aufzufassen ist. Merkwürdigerweise sind diese meine Angaben hinsichtlich des Säuglingsstoffwechsels wenig oder gar nicht beachtet worden.

---

1) Vor kurzem hat Camerer im Jahrbuch für Kinderheilkunde, Bd. LXVI, S. 131 gerügt, dafs in meinem Buche über die Gesetze des Energieverbrauchs der tägliche Ansatz des Säuglings in der ersten Zeit zu 7 %, in der späteren zu 1 % angenommen worden sei und angefügt, dies sei um so bedauerlicher als später aus diesen Zahlen weitere Schlufsfolgerungen gezogen würden. Ich bemerke unter Bezug auf meine Veröffentlichung aus dem Jahre 1885, dafs mir die Wachstumsverhältnisse der Säuglinge, wie man sieht, wohl und richtig bekannt waren, aufserdem habe ich an der gerügten Stelle nicht nur den Prozentzuwachs, der durch einen Druckfehler der Dezimale entstellt ist, sondern auch die absoluten Zahlen, und diese richtig angeführt. Die ganze Sache ist aber irrelevant, weil ich in der Tat keine weiteren Schlufsfolgerungen zu ziehen hatte, denn diejenigen, die mich interessierten, hatte ich schon fast 20 Jahre früher publiziert, wie oben gezeigt.

Im Laufe der letzten Jahrzehnte habe ich dann zum gröfsten Teil gemeinsam mit O. Heubner eine Reihe von Beobachtungen angestellt, die zur Präzisierung jener Gröfse, die man als Mehr-produktion der Wärme durch überschüssige Kost auffassen mufs, eine Unterlage bieten.[1]

Ein Kind von 4 kg Gewicht liefert nach direkten Unter-suchungen von Heubner und mir bei Erhaltungsdiät 325,5 Kal. (Reinkalorien, Verluste mit dem Kote abgezogen.)

Die Zahlen der direkten Experimente habe ich genau auf 4 kg Gröfse des Säuglings umgerechnet. (Oberfläche = 31 000 qcm × 1050, dem Einheitswerte der Wärmebildung bei Erhaltungs-diät, nach direkten Versuchen.)

Wenn man die Stoffwechselverhältnisse unter sehr günstigen Ernährungsverhältnissen erfahren und berechnen will, kann man die bisherigen direkten experimentell gewonnenen Zahlen nicht benutzen, weil die Kinder, wie es scheint, im Experiment weniger Nahrung aufnehmen als sonst. Es ist daher notwendig, den Nahrungskonsum solcher Kinder, die unbeeinflufst von störenden Nebenumständen Muttermilch geniefsen, heranzuziehen.

Nach Camerers und Söldners Angabe würde man für das gleichschwere Kind der 7. Woche (Biol. Bd. XXXIII S. 527) unter genauer Berechnung für 4 kg erhalten:

Als Zufuhr täglich		Bruttowert in Kal.	Physiol. Wert
Eiweifs	8,3 g	48,1	36,5
Fett	26,8 »	248,5	248,5
Zucker	43,4 »	169,2	169,2
	Summa	467,8	454,2
5,4 % ab für Kot		25,8	24,5
bleibt		442,0	429,7

Für Milcheiweifs habe ich 5,8 Kal. pro 1 g Trockensubstanz als Gesamtverbrennungswert gefunden (Biol. Bd. XXXVI S. 46) und als physiologischen Verbrennungswert 4,4 (daselbst, S. 55).

---

1) Eine sehr gute Zusammenstellung der Literatur der letzten Jahre nebst kritischer Beleuchtung findet sich bei L. Langstein »Die Energie-bilanz des Säuglings«, 1905. Ergebnisse der Physiologie.

Wenn man von der Gesamtenergiezufuhr die Größe des erzielten Ansatzes, den man um diese Zeit auf 31 g täglich annehmen muß, in Wärmewerten zum Abzug bringt, so bleibt die Größe der Wärmebildung übrig.

Zu den entsprechenden Werten kommt man in folgender Weise: Vorausgesetzt daß die Annahme eines Ansatzes mit 31 g täglich zutreffend ist, so kann man diesen nach der Zusammensetzung des Neugeborenen (Dr. W. Camerer jun., Biol., XXXIX S. 182, s. auch Biol. XL, S. 531) berechnen zu 13,3 % Fett, 11,5 % Leim und Eiweiß, also mit 9,3 Kal. pro 1 g Fett und 5,5 für Mischung von Körpereiweiß und Leim, im ganzen zu 1,868 Kal. pro Kilo = 1,87 Kal. pro 1 g Lebendgewicht. Ich habe bei einem mittelfetten Kaninchen 1,7 Kal. pro 1 g Körpersubstanz gefunden, was gut mit überein geht. 31 g Ansatz repräsentieren eine gesamte Verbrennungswärme von $(31 \times 1,87) = 57,8$ kg Kal.

Abzüglich des Kotes wurde an verbrennlicher Substanz überhaupt die Energiemenge von 442,0 Kal. (s. o.) zugeführt

im Wachstum stecken   57,8   »

es bleiben also   384,2 Kal. als Energiemenge für den Umsatz im Stoffwechsel.

Dies ist der Bruttowert insofern, als das Eiweiß mit seiner Gesamtverbrennungswärme eingesetzt ist.

Um zur wirklichen Wärmeproduktion zu gelangen, gehen wir von den physiologischen Nutzwerten aus (Reinkalorien), dann findet man:

Kalorien-Menge . . . 429,7 (Gesamtnahrung)
Wachstum 57,8

bleibt . . . . . . 371,9 kg Kal. pro Tag.

So viel Energie wird also für die Wärmebildung bei bester Brusternährung wirklich aufgewandt.

Für die Erhaltungsdiät fand sich 325,5; vorausgesetzt, daß die verglichenen Kinder Camerers und unsere (Heubners und meine Untersuchung) die gleichen Ruhezustände hatten, würde das Resultat lauten: Der Stoffwechsel (Wärmeproduktion) durch Mehrzufuhr an Nahrung ist erhöht um $+ 14,2\%$ und das Gesamtmehr der Nahrungszufuhr beträgt gegenüber Erhaltungsdiät: Zufuhr an physiologischem Nutzwert (abzüglich Kostverlust) 429,7 (Gesamtnahrung) Erhaltungsdiät $= 325,5$, also erstere Zahl mehr um $+ 32,0\%$.

Die zum Ansatz gelangte Substanz (58,8 Kal.) hat von der Gesamtzufuhr 442 (in gleichen Einheiten gerechnet wie der Ansatz) rund 13 % ausgemacht, was demnach von meiner ersten Schätzung mit rund 8 % (im Jahre 1885) nicht erheblich abweicht.

Die vorliegende Feststellung des Säuglings·Kraftwechsels scheint mir so wichtig, daß ich sie noch weiter auf anderem Wege prüfen und stützen will.

Die Erhöhung des Kraftwechsels wie sie durch die Nahrungsaufnahme herbeigeführt wird, ist für die einzelnen Nahrungsstoffe verschieden, für eine aus Eiweiß, Fett, Kohlehydraten bestehende Kost läßt sie sich aus direkt angestellten Versuchen (G. d. E. V., S. 413) zu 7,8 % der Wärmewerte der Zufuhr angeben.

Für die Muttermilch kann man — unter Ableitung der Werte aus den Beobachtungen über spezifisch-dynamische Wirkung der Nahrung im Tierversuch — eine Steigung von etwa 10,6 % voraussetzen (a. a. O. S. 418).

Wenn bei 429,7 Kal. Zufuhr angenommen werden muß, daß 10,6 % davon auf Steigung der Wärmebildung entfallen, so ist der Rest ($=$ Erhaltungsumsatz $+$ Ansatz) zu berechnen im Verhältnisse wie $110,6 : 100 = 100 : 90,5$, also

$$429,7 \times 90,5 = 388,9$$
davon ab das Wachstum 57,8

bleibt für den Erhaltungsumsatz 331,1,

während aus anderen Grundzahlen 325,5 Kal. gefunden wurde.

Somit werden meine Berechnungen auch auf dieser Grundlage bestens eine Stütze finden.

In dieser Berechnung ist nichts weiteres zugrunde gelegt worden als die Zahlen, die von Camerer, Heubner und mir allgemein zugänglich sind, ich habe weder etwas beiseite ge-

lassen oder aus kritischer Überlegung etwas hinzuzufügen gehabt. Die Basis war: Direkte Beobachtungen Camerers über
Milchkonsum, die Analysen Söldners, die Angaben über den
üblichen Ansatz, davon unabhängig die Beobachtungen von mir
und Heubner über den Kraftwechsel bei einer Diät, die zum
Teil eben für den N-Ansatz hinreichte, aber den C-Bedarf nicht
ganz deckte, demnach nur sehr geringe Wirkung auf die Erhöhung
des Kraftwechsels gehabt haben kann; ferner sind ganz getrennt
von diesen Untersuchungen meine Arbeiten über die spezifisch-
dynamische Wirkung. Ich habe also Grund zur Annahme, daſs
diese sich gegenseitig kontrollierenden Messungen uns eine weitgehende Sicherheit geben, um einen Schluſs auf den Kraftwechsel des Säuglings der 7. Woche zu machen.

Ich erhalte also folgendes Bild: Der Nahrungsüberschuſs
welcher zum normalen Wachstum gehört, ist in dieser
Periode + 32 % über einen Mindestverbrauch an Energie bei
knappster Erhaltungsdiät, die Wärmesteigung beträgt + 14,2 %.
Der Ansatz aber + 17,8 %. Demnach wurden 56 % (von
32 Kal. 17,8) der gesamten über den Minimalverbrauch
hinaus zugeführten Kalorien in dieser Periode für
den Anwuchs des Säuglings verwertet. (Eiweiſsansatz
+ Fettansatz zusammen genommen.)

Nicht überall wird man einen so groſsen Zuwachs der Körpermasse finden. Camerer erwähnt selbst, daſs namentlich in den
geburtshilflichen Kliniken geringere Milchmengen als er selbst
als Nahrungszufuhr gefunden hat, verbraucht werden. Es wäre
sehr interessant, auch für die spätere Periode der Säuglingsperiode ähnliche Unterlagen zu gewinnen. Ich möchte aber
gleich darauf hinweisen, daſs das Temperament der Kinder in
Einzelfällen immer insofern schon Abweichungen von den
Mittelwerten ergeben wird, als lebhafte und unruhige Kinder
ein ziemliches Mehr an Energiezufuhr bedürfen, um entsprechend
wachsen zu können. Heubner und ich haben einen solchen
Fall (Zeitschr. f. exp. Path. u. Therapie I S. 20) beschrieben, der
Mehrverbrauch in Erhaltungsdiät war um etwas mehr als 20 %
gröſser als bei einem ruhigen Kind. Dieser Gröſse entsprechend

nimmt natürlich der Bedarf für die Mehrproduktion an Wärme und den Ansatz zu. Nur ein konsequenter systematischer Ausbau dieser grundlegenden Verhältnisse kann die Säuglingsernährung in allen Stadien der Entwicklung so klarlegen, daſs sie allmählich zu einem vollkommenen Ganzen wird. Die Wege dazu sind vorhanden.

Da gegen Ende des ersten Jahres die Gewichtszunahmen des Kindes um 0,1 % pro Tag sich bewegen, so kann man sich ohne weiteres klarmachen, daſs dabei von einem besonderen, des Wachstums wegen zum Ausdruck kommenden Nahrungsüberschusse nicht mehr gesprochen werden kann. Diese kleinen Stoffmengen müssen natürlich vorhanden sein, ändern aber das Gesamtbild einer einfachen Erhaltungsdiät nicht mehr.

Innerhalb des ersten Jahres treten aber funktionelle Veränderungen des Kindes ein. Die auſserordentliche Ruhe des ersten Monats behalten die Kinder ja nicht dauernd bei, im Gegenteil, es kommt allmählich der Bewegungsdrang zum Vorschein, und wo er sich frei und ungehindert betätigen kann, wird eine Beeinflussung des Stoffverbrauches natürlich nicht ausbleiben.

Ich hoffe, daſs in Bälde durch die Arbeiten, die Prof. Blauberg in meinem Laboratorium ausgeführt hat, ein weiteres erhebliches Stück experimenteller Grundlagen geboten werden wird.

Aus obigen den Säugling betreffenden Tatsachen darf man keine Schlüsse auf das Wachstum bei Tieren ziehen, wie ich gleich betonen will. Das auſserordentlich langsame Wachstum des Menschen ist bekannt und oft genug betont worden.

Ich halte es aber für möglich, daſs der Energieverbrauch bei wachsenden, namentlich schnell wachsenden Tieren wegen der auſserordentlich groſsen Nahrungsaufnahme, d. h. reichlicher, abundanter Kost, gesteigert gefunden werden kann. Dies widerspricht nicht meinen Anschauungen, die sich nur in der Richtung bewegen, daſs eben das Zellmaterial von Tieren, die in der Wachstumsperiode sind, an sich keine Ursachen eines gesteigerten Kraftwechsels, der aus dem Rahmen des Oberflächengesetzes fällt, bedingen.

Die späteren Kapitel dieser Abhandlung werden eine nähere Aufklärung bringen.

Das Wachstum des Säuglings geht nicht immer die Wege maximalster und günstigster Entwicklung, bietet vielmehr mannigfache Abweichungen.

Ich will daher noch einige allgemeine Bemerkungen über den Nahrungsverbrauch beim Wachstum hier anfügen, da ich glaube, daſs die einschlägigen Voraussetzungen heute noch nicht überall bekannt sein dürften.

Die Eigenartigkeit der Säuglingsernährung, auch im Tierreich, besteht darin, daſs ein gleichartig zusammengesetztes Nahrungsmittel aufgenommen, dessen Gehalt an Eiweiſsstoffen, Fetten, Kohlehydraten entweder längere Zeit sich gar nicht oder doch innerhalb mäſsiger Grenzen ändert.

Die Variation verschiedenen Wachstums kommt also nur durch Variationen der Nahrungsvolume zustande.

Dadurch sind die Gesetze des Stoffwechsels und Kraftwechsels, welche in Betracht kommen, sehr einfache und durch meine Untersuchungen wohl bekannte.

Bei welchen Nahrungsüberschüssen beginnt das Wachstum?

Eine Erübrigung von Nahrungsstoffen zur Ablagerung am Körper kann nur dann längere Zeit hindurch erfolgen (von der Art der abgelagerten Stoffe einmal abgesehen), wenn zum mindesten soviel an Kal. verzehrt wird, daſs diejenige Wärmesteigung über den Hungerstoffwechsel erzielt wird, die der spezifisch-dynamischen Wirkung entspricht. Diese Zahl ist beim Menschen 11,4 % höher als der Hungerstoffwechsel.

Auch unterhalb dieser Grenze kann der Körper selektiv verfahren und Eiweiſs ansetzen, aber dies nützt ihm nichts für die Dauer, weil aus Mangel an Verbrennungsmaterial alsbald ein Stillstand des N-Ansatzes zustandekommen muſs.

Regelrechtes Wachstum tritt bei Überschreitung der Nahrungsgrenze auf, von der ab auch die vermehrte Wärmebildung durch die spezifisch-dynamische Wirkung gedeckt ist. Steigende Milchmengen steigern auch den Ansatz, und immer zunächst in der Weise, daſs von dem Überschuſs stets ein gleicher Prozentsatz für den Ansatz verwertet werden kann.

Diese Annahme folgt ohne weiteres aus meinen Beobachtungen über die Folgen der Zufuhr einer überschüssigen Kost. Ich habe zuerst bei Eiweiſsfütterungen gesehen, daſs, wenn man einen Überschuſs von Nahrung gibt, von letzterem stets derselbe Bruchteil angesetzt wird. (Sitzungsber. d. bayer. Akademie d. Wissensch. 1885, S. 455.) Dies gilt auch für die anderen Nahrungsstoffe und ist an sich nichts anderes als die reziproke Formulierung der spezifisch-dynamischen Wirkung. Jede überschüssig zugeführte Nahrungsmenge kann den N-Stoffumsatz steigern, sie mehrt ihn aber nur um eine Reihe von Prozenten dieser Zufuhr, die Hauptmasse des Überschusses bleibt unberührt, unzersetzt und kommt zum Ansatz. Jede überschüssige Nahrung bringt also dem Überschusse proportional einen Ansatz zustande.

Auch über die Gröſse dieses Überschusses, der zum Ansatz kommt, läſst sich bestimmtes sagen.

Der Prozentsatz dieser Ansatzquote ist abhängig von der Art der Zusammensetzung der Kost an einzelnen Nahrungsstoffen, also ein Charakteristikum der einzelnen Spezies.

Denn die einzelnen Tierspezies haben auch charakteristische Milchen. Höherer Eiweiſsgehalt mindert die Ansatzquote. Fett und Kohlehydrat erhöhen sie.

Die Ansatzquote an sich kann den Ansatz nicht erzwingen, braucht der Körper die Masse des Überschusses nicht, so kann er sich deren entledigen, wie dies näher in der vorigen Abhandlung geschildert ist.

Das günstigste Verhältnis, die ökonomischste Grundlage des Wachstums, muſs sich ergeben, wenn der Wachstumstrieb gerade mit der optimalen Ansatzquote übereinstimmt, dies ist eine Voraussetzung von höchster Bedeutung, die man für

die Zukunft im Auge behalten muſs, und die ich in der nächsten
Abhandlung eingehender erörtern werde.

In den Ansatz hineinbezogen wird vor allem neben Fett
auch das Eiweiſs; letzteres nach Maſsgabe der Wachstumstendenz,
indem es die Organe aufbaut.

Da die Organmasse des Individuums das Gesamtbedürfnis
an Nahrungsstoffen bedingt, so ist der Eiweiſsansatz auch in
erster Linie das Maſsgebende für das weitere Steigen der Nahrungszufuhr, aber auch sonst bedeutungsvoll, weil er in erster
Linie durch den gleichzeitigen Wasseransatz die Körpermasse
rasch zu vergröſsern vermag.

Theorie des Eiweiſsverbrauchs beim Wachstum.

Nachdem die allgemeinen und energetischen Verhältnisse
der Säuglingsernährung klargestellt sind, erübrigt es sich noch,
einige Eigentümlichkeiten des Stoffwechsels zu erörtern.

Gerade in Hinsicht auf die Eigentümlichkeiten des N-Ansatzes haben die Experimente von Heubner und mir wichtige
Tatsachen festgestellt, welche in die Art des Wachstums einen
klaren Einblick gestatten. Da diese Ergebnisse gerade für den
biologischen Charakter des Wachstums von gröſster Bedeutung
sind, muſs ich auf sie hier im Zusammenhange mit den anderen
Eigentümlichkeiten der ersten Wachstumsperiode näher eingehen.

Ich habe vor langer Zeit (1883, Biol. Bd. XIX, S. 391) darauf
hingewiesen, daſs man bei Zuckerfütterung die Eiweiſszersetzung
beim Hunde auf 5,9% des gesamten Kalorienverbrauchs herab-
drücken kann, ebenso beim Erwachsenen bei N-freier Kost
auf mindestens 6,1%. In beiden Fällen war durchaus nicht
mehr an N-freiem Nährmaterial gereicht worden als zur Erhaltung notwendig war; die später häufig gehörte Behauptung,
kleiner Eiweiſsverbrauch finde sich nur bei ganz überreichlicher
Zufuhr von Kohlehydraten, ist meinerseits nie erhoben worden.
Ich habe schon damals vermutet (l. c. S. 391 Anmerkung), es

werde sich unter anderen Verhältnissen vielleicht der N-Verbrauch noch mehr vermindern lassen. Dies ist auch in der Tat der Fall.

Man kann den Eiweißverbrauch sogar noch kleiner machen wie bei Hunger. Beim Erwachsenen kann man auch bei Eiweißzufuhr bei diesen kleinen Eiweißmengen ein Gleichgewicht herstellen. Man würde berechtigt sein, von einem absoluten »Eiweißminimum« zu sprechen, wenn nicht zwei Tatsachen hinderlich wären. Einmal der Umstand, daß das Minimum variabel ist mit der Art der Nahrungsmittel, und zweitens die in der vorigen Arbeit mitgeteilten Ergebnisse, in denen ich zeigte, daß der Körperzustand selbst Einfluß auf das Minimum hat. Je herabgekommener der Körper ist, um so niedriger wird (auch nach Eliminierung ungleichen Körpergewichte) dieses Minimum.

Im Hinblick auf diese Verhältnisse ist es schon in hohem Maße interessant, daß in der Wachstumskost die von Heubner und mir beobachteten Säuglinge überhaupt nur 7% in Kalorien im Eiweiß geboten werden, und daß bei Erhaltungskost sogar nur 5% des Kalorienumsatzes auf Eiweiß treffen (Harn + Kot-N) a. a. O. S. 11 Zeitschr. f. exp. Path. und Ther. Bd. I.) — ja wenn man die Resorptionsverhältnisse noch mit heranzieht, so reichte der Säugling vollkommen für seine Bedürfnisse mit einem Umsatz, von dem nur 4% auf das Eiweiß treffen. Das Kind bewegt sich also, durch die Eigenart seiner Kost zum Teil bedingt, auf einem Eiweißumsatz, der den sonst beobachteten niedrigsten Eiweißumsätzen entspricht. Das Eiweißminimum entspricht jenem minimalsten Stoffverbrauch, den ich als »Abnutzungsquote« bezeichne (s. oben S. 32), weil er, abgesehen von den unvermeidlichen Verlusten, wie Sekreten, Abschilferungen, einem Vorgang entspricht, der von der Intensität des Stoffwechsels abhängig ist, also bei großen und kleinen Tieren, in Prozenten ausgedrückt, eine gleiche Zahl im Verhältnis zur umgesetzten Kalorienmenge ausmacht (beim Menschen, Säugetieren, Vögeln). Ja derselben Erscheinung begegnen wir sogar im Stoffwechsel der einzelligen Wesen.

Das Kind kann N ansetzen und wachsen, sobald
diese kleinste N-Menge überschritten wird, wie Heubner
und ich gezeigt haben, und zwar selbst dann noch, wenn zunächst die Gesamtzahl der Kalorien zur Ernährung nicht hinreicht (selektiver Ansatz). Derartiges Wachstum ist natürlich
nur beschränkt, weil ja durch Fettverlust schließlich das N-
Gleichgewicht gestört und ein Mangel an Nahrungsstoffen den
Körper zwingen würde, das Eiweiß für die Wärmebildung (für
dynamische Zwecke) heranzuziehen (s. o.).

Beim wachsenden Kinde wird das Eiweiß unter Umständen
nur für die Abnutzungsquote und das Wachstum verbraucht,
während die dritte Funktion des Eiweißstoffes — der dynamogene
Verbrauch — zunächst wegfällt. Daher findet sich bei Säug-
lingen, die in diesem Stadium der Ernährung sind, kein Vorratseiweiß, sondern bei Weglassung des Eiweißes in der
Nahrung bleibt die N-Ausscheidung auf gleicher Höhe wie früher,
wie dies Heubner und ich beobachtet haben.

Gibt man aber größere Eiweißmengen in der Kost des
Säuglings, so folgt das Wachstum nicht der Eiweißmenge; das
Wachstum ist eine Funktion der Zelle, es kann durch un-
zureichende Eiweißzufuhr latent werden, aber Eiweiß vermag
nicht die Wachstumsschnelligkeit über die von der Natur ge-
steckten Grenzen zu heben, daher wird mit steigender Eiweißmenge in der Kost prozentisch weniger verwertet und das überflüssig zugeführte Eiweiß wird einfach als Brennstoff verbraucht
der isodyname Mengen N-freier Stoffe einspart (Zeitschr. f. exp.
Path. und Ther. Bd. I, S. 14). Diese starke Anziehung von
Eiweiß zum Wachstum nimmt, wie oben gesagt, im Laufe der
Entwicklung ab und ist am größten in der ersten Zeit des
Lebens.

Die Zersetzung des Eiweißes beschränkt sich also beim
Säugling, der nicht überfüttert wird, in der ersten Periode nur
auf die »Abnutzungsquote«. Die Zerlegung dieser Eiweißmasse
scheint eine etwas andere zu sein als die bei reichlicher Eiweißzufuhr eintretende. Ich will aber auf diesen Umstand, der nicht
genügend geklärt ist, nicht weiter eingehen (G. d. E. V. S. 413 ff).

Dies Verhalten des Eiweifses beim Wachstum ist eine biologische Notwendigkeit; die Dignität der physiologischen
Funktionen veranlafst die Reihenfolge ihrer Befriedigung, — zuerst wird der Verlust ersetzt — dann folgt das
Wachstum — in dritter Linie steht der sonstige Eiweifsverbrauch
zur Erzeugung der Wärme.

Diese natürliche Ordnung bedingt aber auch noch den Effekt
eines ökonomischen Verbrauchs der Energievorräte der Nahrung,
weil unter diesen Verhältnissen das Eiweifs, das sonst im
Energieverbrauch wegen seiner spezifisch dynamischen Wirkung
leicht dominiert, ganz zurückgedrängt wird. Ich habe schon
vorher gezeigt, wie gering die Erhöhung des Kraftkonsums bei
voller Wachstumsernährung der Erhaltungsdiät gegenüber sich
stellt. Das im Wachstum zum Aufbau verwendete Eiweifs wird
nicht von jenen Affinitäten der lebenden Substanz aufgenommen,
welche nach der Theorie der Ernährung (s. o. S. 17) für
die energetische Verarbeitung der Nahrungsstoffe bestimmt sind. Beim Wachstum werden alle Eiweifsverbindungen,
die zum Zellbau notwendig sind, aufgenommen; ob dies bei
der Rekonstruktion notwendig ist, läfst sich nicht absolut sicher
behaupten, ist aber nach den in Harn und Kot bei Eiweifs-
hunger auftretenden Spaltprodukten sehr wahrscheinlich. Somit
läfst sich annehmen, dafs für Ansatz und Wachstum zunächst
dieselben Affinitäten die Eiweifsstoffe fixieren und so den
beiden Aufgaben zuführen. Ob an der lebenden Substanz der syn-
thetische Aufbau von Eiweifsbruchstücken eintritt und durch sie
vermittelt wird, ist unbestimmt.

Weiter theoretische Annahmen zu machen, halte ich für
überflüssig. Ich bemerke, dafs die Anwachsaffinität eine
weit begrenztere Tätigkeit entfaltet als die energetischen
Affinitäten.

In der pädiatrischen modernen Literatur finden sich Ernährungshypo-
thesen, die ohne jeglichen Zusammenhang mit den wissenschaftlichen Tatsachen der Ernährungsphysiologie stehen. Wenn es auch zu weit führen
würde, hier eingehend über solche Hypothesen zu sprechen, so kann doch
nicht unberücksichtigt bleiben, dafs dabei mit Vernachlässigung jeder historischen Tradition Unzusammengehöriges in ein System verpackt wird.

Man spricht von einer zellularen Verdauung des Eiweißes durch Biolysine, daß die »Verankerung« des Nährstoffes in der Zelle durch einen tropholytischen Rezeptor und ein tropholytisches Komplement, sowie eine unmittelbare Verschmelzung der Nährstoffe mit der Zellmasse oder ein Eintritt durch Diffusion »undenkbar« sei.

Eine Fülle von hypothetischen Annahmen werden gleich von vornherein als feststehende Dinge betrachtet. Der fundamentale Irrtum liegt klar auf der Hand, es ist wieder die Eiweißernährung als einziges Fundament des Stoffwechsels betrachtet und die Funktionen der dynamischen Vertretung, des Ersatzes der Abnutzungsquote, die Lösung von Organeiweiß im Hunger, die Rekonstruktion und das Wachstum werden alle in einen Topf geworfen. Vorgänge der Subkutanernährung werden der Darmernährung substituiert, die Spaltungsmöglichkeit des Eiweißes im Darm, die fermentative Spaltung in die N-freie und N-haltige Gruppe, die an sich gar keinen Anspruch auf »zellulare Verdauung involvieren, scheinen gar nicht mehr zu existieren.

Ob man die Anfügung von Eiweiß für Rekonstruktion und Wachstum durch Rezeptoren annehmen will, oder sie anders zu benennen Lust hat, bleibt bei der Unbekanntschaft mit dem Vorgang eigentlich jedermann überlassen. Die fermentativen Spaltungen mit dem Wort Biolysine zu belegen, hat man gar keinen Anlaß, wichtiger ist die Trennung und Erklärung der Prozesse als das Zusammenwerfen verschiedener Dinge auf einen Haufen gemeinsamer Zellarbeit.

Die Lösung des im Hungerzustande freiwerdenden Organeiweißes, die vielleicht auch unter die Arbeit der Biolysine gehört, ist nicht genauer gekannt, wenn man sie so benennt, oder gar nicht mit besonderem Namen belegt, jedenfalls muß das Organteilchen erst abgestorben sein, ehe die autolytischen Prozesse beginnen.

Wie wenig für die Eiweißernährung übrig bleibt, wo Fett und Kohlehydrate eingreifen können, habe ich schon oben für den Säugling gezeigt; kaum 5—6 % aller Prozesse.

Viele der Vorgänge bei subkutaner Einspritzung artfremder Eiweißstoffe zeigen schon in ihrem zeitlich langsamen Verlauf, daß sie nichts mit dem enormen Eiweißumsatz, zu dem speziell kleinere Tiere befähigt sind, zu tun haben, da in kürzester Zeit, wie man bei kleinen Organismen sieht, in 24 Stunden $\frac{1}{10}$ des Körpergewichts und mehr von diesem Nahrungsstoff umsetzen können. Die Natur des Lebensprozesses ist genügend bekannt, um zu wissen, daß sie sich nicht in ein so einfaches Bild des ausschließlichen Eiweißstoffwechsels hineinzwängen lassen. Der alte Fehler, den wir kaum ausgetrieben haben, die Sucht nur von einem Eiweißstoffwechsel zu reden, drängt sich da aufs neue heran; die 96 % des Gesamtstoffwechsels, die den N-freien Stoffen dienen, scheinen diesem modernen Hypothesenbau als nebensächlich! Es ist sehr bedauerlich, daß in der Literatur des letzten Jahrzehnts überhaupt sich an allen Ecken und Enden die Tendenz geltend macht, bei Experimenten, bei denen weder die wirk-

samen Substanzen, noch die physikalischen Bedingungen genauer bekannt
sind, zu sofortiger Namensgebung schreiten. Aus den ersten Hypothesen
werden weitere Hilfshypothesen mit wieder neuer Nomenklatur.

Den Lesern kommt gar nicht mehr zu Bewußtsein, daß die Namen,
die er hört, nur hypothetische Körper oder nur Namen für einen Vorgang
sind, der vielleicht nur bei gewissem Quantitätsverhältnisse des Stoffes in
die Erscheinung tritt, bei anderen nicht. Die allerwenigsten der Leser wissen
heute noch die Genesis solcher Worte. Der kleinste Teil kennt die Experimente, auf welche die Namensgebung zurückzuführen ist.

Die einfachsten Binsenwahrheiten werden dann in der Form hoch-
trabender Spezialausdrücke zu neuen Errungenschaften, die Literatur ist
heute auf manchen medizinischen Gebieten, man möchte sagen, ohne die
Zuhilfenahme besonderer Lexika für Fachausdrücke und Synonyme ungenieß-
bar. Die Medizin muß hier endlich einmal wieder Halt machen. Hypothesenbau und Theorie haben auch ihr Gutes, sie dürfen aber nicht hypertrophisch
werden und das klare durchsichtige Experiment verdrängen. Die Natur-
wissenschaft darf nicht in ein Spiel mit Worten sich verlieren. Am allerwenigsten ist es aber in der Ernährungslehre angebracht, eine ungesunde
Spekulation an Stelle der allerdings mühseligen Experimente zu setzen.

Wenn ich nun zunächst auch annehme, daß die jugendliche
Zelle bereits kleine Überschüsse zum Anwuchs benutzen kann,
so ist damit keineswegs gesagt, daß jeder beliebige kleine Überschuß Wachstumsvorgänge einleiten wird. Wir müssen annehmen, daß das Ernährungsmaterial eine untere Schwelle
überschritten haben muß, ehe das Wachstum beginnt. Ob hierfür etwa nur der Konzentrationsgrad des Eiweißes in den
Säften maßgebend ist, oder der Körper durch Aufspeicherung
Material sammelt und für seine Zwecke bereit hält, kann man
zurzeit nicht entscheiden, wenigstens nicht bei Warm- und
Kaltblütern, überhaupt nicht bei Tieren mit komplizierterem
Körperbau.

Aus der ökonomischen Tendenz heraus, Eiweiß zu sparen,
versteht man auch die Rolle der wasserlöslichen Kohlehydrate wie
sie in den Tiermilchen vorkommen; sie schränken den Eiweißverbrauch auf das besprochene Minimum ein. Ein Mehr oder
Weniger von Kohlehydraten ist innerhalb ziemlich weiter
Grenzen ohne besonderen Einfluß auf den gedachten Zweck.

Es scheint mir nicht unwahrscheinlich, daß wir, wenn nur
erst der Stoffwechsel im Wachstum der Tiere genauer erkannt

sein wird, mit ähnlichen Verhältnissen der Eiweißernährung wie beim Menschen zu tun haben. Geeignetes Material zur Beurteilung liegt zurzeit nicht vor. Das Studium des menschlichen Säuglings ist also erfreulicherweise recht fortgeschritten, es lassen sich jetzt auch einige Tatsachen der Ernährung beim Wachstum des Tieres anfügen.

Parallelen zwischen Kraftwechsel des Säuglings und des Saugkalbes.

Wir besitzen zum direkten Vergleiche auf dem Gebiete des tierischen Stoffwechsels nur die schon erwähnten trefflichen Experimente Soxhlets am Saugkalbe. Wenn diese Experimente, weil die Kälber mit der Flasche und nicht völlig mit der Milch der eigenen Mutter genährt wurden, auch nicht als Brusternährung gelten können, so verdienen sie doch dem Schofs der Vergessenheit entrissen zu werden, weil sie einige wichtige Streiflichter auch auf die Säuglingsernährung werfen.

Verwendbar, weil vollkommen abgeschlossen, sind von Soxhlets Versuchen nur zwei je dreitägige Reihen an einem kräftigen Kalb. Ich habe die Originalangaben alle in einen einzigen Mittelwert zusammengefaßt.

Kalb B.

Mittel aus 6 Tagesversuchen.

Gewicht 65,8.

Einnahmen					Ausgaben				Bilanz		
Eiweiß	Fett	Milchz.	N	C	N Harn und Kot	C im Harn	C im Kot	C-Respir.	Summe des C	Fett und Kohle-hydrat C	Fett-C
337,1	320,9	530,8	52,9	654,0[1]	18,1	16,1	11,0	351,4	378,0	317,0	105,0

1) Der C ist hier für das Eiweifs im ganzen in Rechnung gestellt, also inklusive der Bestandteile, die später als Harn und Kot zu Verlust gehen, was bei anderweitigen Berechnungen zu beachten ist.

Sie beziehen sich, da sie schon 1878 veröffentlicht wurden, nur auf den Stoffumsatz, ihre Verwendbarkeit wird eine ganz andere, wenn man die Wärmewerte berechnet. Ich habe daher nach meinen Beobachtungen die kalorimetrischen Gröfsen beigefügt.

Das Tier hatte im Mittel 65,8 kg und befand sich noch innerhalb jener Periode, in der sich das Gewicht noch nicht verdoppelt hatte. Das Kalb ist aufsergewöhnlich schnell gewachsen, wie ich aus Vergleich mit anderen Kälbern, deren Wachstumszahlen bekannt sind, sehe.

		Rein-Kalorien	
der Einfuhr		des Umsatzes	des Ansatzes
Eiweifs	1418	483,2	930
Fett	2949	1176,5	1773 = 193 g Fett
Milchz.	2096	2096,0	—
	6459,4	3756,1	2703

Anmerkung. N-Ansatz $= 34,8\,^0/_0$.

Milchzucker $= 40,0$ » C $= 3,95$ Kal.

Fett $= 75,6$ » » $= 9,21$ » (Biol., Bd. XXXVI, S. 66.)

1 N $= 6,34$ Eiweifs. (Biol., Bd. XXXVIII, S. 337.)

Die Einnahmen des Tieres repräsentieren im Durchschnitt 6459,4 Kal. pro Tag, davon kommen in Abzug:

Kot pro Tag 23,0 g, davon 1,7 g Asche $= 21,3$ g organisch.

1 g organische Substanz des Milchkots liefert beim Menschen 6,775 Kal. Da die Zusammensetzung der Kotsorten so ähnlich ist, kann man diesen Wert auch hier benutzen:

21,3 × 6,775 gibt 144,4 Kal. Verlust mit Kot   144,4

so dafs an Kal. wirklich aufgenommen wurde   6315,0

Das zersetzte Eiweifs entsprach 483,2 Kalorien, somit machte die Wärme, die aus Eiweifs flofs, beim Kalb 7,65 % der Gesamtkalorien aus. Daraus folgt, dafs die von Heubner und mir beobachteten Säuglinge erheblich weniger Eiweifsumsatz hatten, dies gewinnt noch mehr Bedeutung, wenn man erwägt, dafs dieses Saugkalb sehr grofse Milchmengen verzehrte. Es hätte also eher für den Eiweifsanteil in der Kost noch ein unter dem Werte des menschlichen Säuglings liegendes Prozentgehalt der Eiweifskalorien erhalten werden sollen. Andererseits ist aber der gröfsere Eiweifsreichtum der Kuhmilch zu beachten, der eventuell den Eiweifsverbrauch an sich etwas gesteigert haben könnte.

Der Kalorienumsatz betrug 3756,1 Kalorien, der Ansatz 2703 Kalorien, wovon aber die 144,4 Kalorien, welche auf Kot treffen, noch abzuziehen sind; so dafs 2559 Kalorien als wirklicher Ansatz verbleiben. Diese machen 40,5% der Gesamtkalorienaufnahme aus, ein enormer Anwuchs, da wir beim Säugling nur 13% als Optimum fanden.

Das Kalb erübrigt also weit mehr als das Kind, ob dies aber in irgend einer besonderen Eigenart dieser Tiere, oder in ihrem enormen Milchkonsum, der solche Erübrigungen erlaubte, beruht, läfst sich ohne weiteres nicht sagen. Man kann aber schätzungsweise folgendes feststellen:

Ich berechne, dafs der Ochse beim Hunger nur 1085 Kalorien pro 1 qm Oberfläche produziert, das Kalb Soxhlets hatte eine Wärmebildung von 2195 Kalorien pro 1 qm und die Nahrung (ohne Abzug des Kots) machte aus 3775 Kalorien.

Das Kalb vermochte also das 3,5fache des Hungerbedarfs zu verzehren und steigerte seinen Stoffwechsel auf das Doppelte. Das sind enorme Leistungen, die zweifellos aber den durchschnittlichen nicht entsprechen. Das Kalb hatte von der mühelos aus der Flasche erreichbaren Milch mehr getrunken als von der Mutter erhältlich gewesen wäre. Der sicherste Beweis, dafs es auf die Dauer dieser Leistung nicht gewachsen war, liegt in seinem Aschestoffwechsel, das Kalb stand hart vor dem absoluten Kalkmangel, denn es setzte den Kalk der Nahrung zu 97% und die P_2O_5 zu 72,5% (Soxhlet, S. 50) an, so dafs die Ausscheidungen abnorm arm an diesen Stoffen waren.

Dies ist eine Tatsache von grofser Wichtigkeit, da sie zeigt, wie einseitig der Ansatz der organischen Substanz gefördert werden kann, während die Aschebilanz schon nahe daran ist gestört zu werden oder wirklich schon gestört war.

Daſs die Kälber übrigens einen Hungerstoffwechsel haben dürften, der wesentlich höher ist als die oben angenommene Zahl, ist sehr wahrscheinlich, weil sie wohl kaum absolute Ruhe gepflogen haben dürften, wie es die Voraussetzung für den betreffenden Umsatzwert (1085 pro qm) ist. Auf die gleiche Vermutung wird man durch die Berechnung des spezifisch-dynamischen Wertes geführt.

Die Kuhmilch verlangt nach ihrer Zusammensetzung (G. d. E. V., S. 418) 14,6% Wärmezuwachs bei der Fütterung.

6315 Kalorienzufuhr also (6315 × 0,146) = 660 Kalorien als Wärmezuwachs.

Somit haben wir Gesamtzufuhr   6315   »

Ab für spezifisch dynamische Wirkung 660

dazu Anwuchs   2558   3219   »

also Hungerverbrauch   3096 Kalorien,

was zu hoch ist und pro qm 1516 Kalorien ausmacht.

Die Kälber haben daher sicherlich schon für die Muskelbewegungen einen nicht unerheblichen Teil der Nahrung in Anspruch genommen.

Unterschied von Ansatz und Wachstum.

Die Mehrung der lebenden Substanz kann ebensowohl durch Ansatz wie auch durch Wachstum zustande kommen, die in beiden Fällen eintretende Mehrung der Masse sollte aber an sich keinen Grund, beide Vorgänge für identisch zu halten, wie es bisher immer geschehen ist, abgeben, im Gegenteil schon die morphologisch ungleichartigen Vorgänge müssen uns veranlassen, Regeneration und Wachstum zu trennen oder wenigstens eine solche Verschiedenheit bei Prüfung der physiologischen Vorbedingungen des Zustandekommens beider im Auge zu behalten.

Daſs man aus praktischer Erfahrung heraus etwas zur Klärung dieser Frage beitragen könnte, hatte ich gehofft, es ist mir nach mehrfacher Rückfrage bei Fachleuten aber nichts bekannt geworden, was darauf schlieſsen läſst, daſs in der Ernährung normal wachsender einerseits und rekonvaleszenter, aufzufütternder Säuglinge anderseits spezifische Unterschiede gemacht werden.

Während man beim Wachstum annehmen darf, daß der Bedarf an Stoffen gemeinhin gleichbleibend der Qualität nach sich gestaltet, haben wir bei der Regeneration zweifellos materiell sehr verschiedene Vorgänge der Anlagerung von Eiweißsubstanzen, weil ja die einen Eiweißverlust bedingenden Vorgänge mannigfaltige, dem Umfang wie die Qualität der ergriffenen Organe entsprechend verschieden sind. Die konsumierenden Wirkungen der Infektionskrankheiten sind anders wie die der allgemeinen Inanition. Gestatten uns die heutigen Kenntnisse auch nicht zwischen den verschiedenen Formen der Rekonstruktion zu trennen, so ist es doch zum mindesten nötig, zwischen letzteren und dem Wachstum zu scheiden.

Sehe ich also vorläufig davon ab, den eigentlichen Chemismus beider Prozesse weiter zu behandeln, so glaube ich lassen sich die Unterschiede beider und die Notwendigkeit einer Scheidung aus ernährungsphysiologischen Tatsachen heraus erbringen.

Die treibenden Kräfte sind einmal das Wachstumsgesetz der Spezies, begründet in der Geschwindigkeit der Kernteilung und Zellmassemehrung, ein unveränderliches Erbe, beim Ansatz haben wir einen Vorgang, der in allen Alterszuständen vorkommt, und zwar täglich in die Erscheinung tritt, in dem Wiederersatz des durch die »Abnutzungsquote« des Stoffwechsels bedingten Stoffverlustes. In dieser Art und diesem Umfang betrachtet, hängt der Ansatz direkt mit dem jeweiligen Stoffwechsel und seiner Intensität zusammen, schnelle Rekonstruktion, wo rascher Aufbrauch gegeben ist.

Es kommen auf dem Wege ungenügender Eiweißzufuhr natürlich solche N-Verluste in größerem Maße vor, mehren den Zerfall des Körpers und führen durch partielle Inanition zum Tode.

Der Wiederersatz muß dann einen größeren Umfang annehmen. Die dabei eintretenden Vorgänge habe ich in der vorhergehenden Arbeit geschildert, in Kürze handelt es sich um folgende Prozesse.

Der Eiweifsansatz tritt bei reichlicherer Eiweifszufuhr nur
d a n n ein, wenn die Zellen ihren optimalen N-Bestand noch nicht
erreicht haben; sie setzen bei gleicher Zufuhr um so m e h r an,
je weiter sie von diesem optimalen Zustand entfernt sind. Auch
das jeweilige Eiweifsminimum, bei dem die Zellen bestehen
können, ist vom Ernährungszustand der letzteren abhängig.

Die Breite des Eiweifsgehaltes der Kost, welcher bei der
Regeneration verwertet werden kann, ist gröfser als die Grenzen
des Eiweifsgehaltes für das optimale Wachstum.

Die Regeneration ist z. B. schon recht bedeutend bei 30 %
Eiweifskalorien, aber noch bei 60 % ist eine B e s c h l e u n i g u n g
des Ansatzes zu erreichen. Darüber hinaus bedingt die einseitige
Eiweifsvermehrung nur einen Mehrverbrauch für dynamogene
Zwecke. Die u n t e r s t e Grenze, von der ab sich Ansatz erreichen läfst, liegt e b e n s o n i e d r i g (4 % Eiweifskalorien), wie
bei dem Wachstum, nämlich sie beginnt mit der Überschreitung
des zur Bestreitung der Abnutzungsquote notwendigen Eiweifs-
quantums.

Beim Wachstum des Säuglings liegt die unterste Grenze der
Bildung von Körpersubstanzen etwas über 4 % Eiweifskalorien, aber bereits 7—8 % genügen zum normalen Wachstum,
bei Kuhmilchkost mit rund 27 % Eiweifskalorien scheint aber
die rationelle Grenze wenigstens schon überschritten, indem verhältnismäfsig viel von der Eiweifszufuhr in die E i w e i f s z e r -
s e t z u n g übergeht.

Leider besitzen wir beim Menschen für den E r w a c h s e n e n
keine einschlägigen Versuche über den N - Ansatz, welcher in
Parallele zum Wachstum gestellt werden könnte.

Würde ein Vergleich mit dem Hunde gestattet sein (leider
fehlen uns bei diesem genauere Angaben über die Wachstumsperiode), so gewänne die Anschauung die Berechtigung, d a f s
d a s M a x i m u m d e s N - A n s a t z e s i m W a c h s t u m w e i t
n i e d r i g e r s t e h t a l s d i e m a x i m a l e G e s c h w i n d i g k e i t
d e s N - A n s a t z e s b e i m T i e r z u m Z w e c k e d e r R e k o n -
s t r u k t i o n b e i h e r a b g e k o m m e n e m K ö r p e r.

Denn von der prozentualen Verteilung des Eiweifses in der Kost müssen die Vorgänge der N-Ablagerung schliefslich doch abhängig sein.

Wachstum und Rekonstruktion sind verschiedene Dinge, weil ersteres vom Wachstumstrieb, letzteres von der Stoffwechsel-intensität abhängig ist. Erstere Behauptung bedarf keines beson-deren Beweises, letztere ist leicht einzusehen. Je intensiver der Stoffwechsel, um so gröfser der Zerfall am Hunger, die Körper-gröfse bzw. das Oberflächengesetz entscheidet hierüber. Schon a priori mufs man annehmen, dafs bei verschiedenen Individuen, demnach auch der Aufbau um so rascher sein mufs, je bedroh-licher die Verluste sind. Ich habe in der Tat gefunden, dafs die Tiere auch schneller ihren Aufbau betreiben, wenn sie Verluste gehabt haben. Auch der Säugling kann von diesem Gesetze keine Ausnahme machen.

Demgegenüber steht fest: die Geschwindigkeit des Wachs-tums ist sicher keine allgemeine Funktion der Körper-gröfse, beim Menschen ist das Wachstum sehr klein im Ver-hältnis zu gleichgrofsen Tieren.

Der Säugling verdoppelt erst in 180 Tagen sein Gewicht, das bei seiner Geburt gleichschwere Schaf schon in 12—15 Tagen, die Rekonstruktionskraft beider ist aber sicher die gleiche. Wachstumsgesetz und Anwuchsgröfse haben keinerlei ursächliche Verknüpfung. Das Wachstumsgesetz erfordert beim Menschen also weit weniger Ansatzleistung als die Rekonstruktion.

Wie aber das Verhältnis der Rekonstruktion zur Wachstumsintensität der Tiere ist, ist damit nicht gesagt, letztere kann kleiner oder gröfser wie die Rekonstruk-tionsgröfse sein. Natürlich läfst sich dies Verhältnis nur immer für eine bestimmte Wachstumsperiode angeben, denn die Wachs-tumsintensität fällt ja mit fortschreitendem Alter auf 0. — Wachstum und Rekonstruktion haben eigentlich nichts Gemein-sames als die Quelle ihres Aufbaumateriales — die N-haltige Nahrung.

Wenn man nun weiter für Tiere bestimmen will, wie bei diesen sich das optimale Wachstum in seinen Leistungen zu der optimalen Rekonstruktion stellt, so hat man es sehr schwer, hierüber einen Entscheid zu fällen.

Der Frage kann man in folgender Weise näherkommen. Über die Ernährungsvorgänge beim Hunde lassen sich einige Angaben machen. Wenn ein Tier hungert, so verbraucht es 1039 Kal. pro 1 qm, und falls es, wie dies möglich ist, nur Eiweifs verbrennt, so müssen für je 26 Kal. je 1 g N umgesetzt werden. Obige 1039 beim Hund können herstammen aus $\frac{1039}{26}$ = 40 g N-Umsatz pro 1 qm. Mit dieser Berechnung schalten wir die Ungleichheiten des Körpergewichtes völlig aus, es gilt dieser Wert für die Erhaltungsdiät des Neugebornen oder irgend eines andern Alterszustandes. Haben die Tiere aber Fett am Körper, so brauchen sie weniger Eiweifs, es wird der Verbrauch des letzteren auf 10% des Umsatzes im Hunger sinken können = 4,0 g N pro 1 qm.

Bei einem vorher künstlich durch N-arme Kost herabgekommenen Hunde habe ich als Maximum der Rekonstruktion 5,3 g N. täglichen Ansatz, d. h. natürlich nur in den ersten Tagen der Auffütterung beobachtet. Der Hund hatte bei 9 kg Körpergewicht 700 kg-Kal. Umsatz, die Kost enthielt 60% Eiweifs- und 40% Fettkalorien; bei 30% Eiweifs- und 70% Fettkalorien war der Ansatz 2,7 g N täglich. Der Hund hatte so viel Kalorien als Eiweifs aufgespeichert als 5,3 g N entspricht (täglicher Ansatz), diese machen rund 20% des täglichen Umsatzes (ca.) aus (700 Umsatz : 5,3 × 26 = 138 Kal. = 19,7%). Wenn man dies auf 1 qm Oberfläche rechnet, so ergibt sich (40 × ⅕) 8 g N pro 1 qm als maximalste Ansatzleistung.

Ein wachsender neugeborner Hund verdoppelt in 9 Tagen sein Gewicht. Daraus läfst sich im Durchschnitt berechnen, dafs er täglich seine bei der Geburt vorhandene N-Masse um 7,4% ändern mufs.

Er ändert sein Gewicht von 1 auf 2 kg und wiegt also während dieser Wachstumszeit im Mittel 1,5 kg.

Hat er rund 12,3 g N am Körper (er wiegt 0,28 kg zu Anfang, 0,56 zu Ende der Verdopplung), so nimmt er täglich um $(12{,}3 \times 0{,}74) = 0{,}9$ g N zu, sein Kalorienumsatz (178 pro 1 kg) entspricht (0,42 kg mittl. Gewicht) 75 Kal.

Der N·Ansatz bewertet sich zu $0{,}9 \times 26 = 22{,}4$ Reinkalorien, dazu müfste noch ein gewisses Mehr für die spezifisch-dynamische Wirkungen kommen, die ich aber beiseite lasse, wodurch das Resultat für meinen Vergleich ungünstig und etwas zu hoch wird.

Das angesetzte Eiweifs macht von den Gesamtkalorien $(75 + 22 = 97 : 22)$ rund 23% aus. Im Erhaltungsfutter trifft auf 1 qm Oberfläche beim Hund 1039 kg·Kal., mit Rücksicht auf das Mehr der Eiweifsaufnahme 1350, davon $23\% = 310$ Kal., und da je 26 Kal. $= 1$ g N sind, so entsprechen letztere also 12 g N als Wachstumsmaximum des Hundes.

Sehr grofsen Eiweifsansatz kann man unter günstigen Bedingungen beim erwachsenen Menschen beobachten. Das Maximum, welches ich gesehen habe, war 65 g N-Ansatz in einem Tage bei ausschliefslicher Eiweifskost, die auch nahezu den ganzen Bedarf in Eiweifs lieferte, dies würde pro Quadratmeter Oberfläche rund 24 g N gleichkommen.

Die durch obige Berechnungen festgestellten Resultate pro 1 qm Oberfläche sind also:

Gröfstmöglicher N-Verlust im Hunger . . . . . 40 g täglich
mittlerer   »   »   »   . . . . 4 »   »
gröfster Ansatz bei 60% Eiweifskalorien . . . . 8 »   »
Maximalster Wachstumsansatz des Neugeborenen
(Hundes) . . . . 12 »   »

In der allerersten Wachstumszeit des Hundes ist sein Eiweifsansatz. den das Wachstum verlangt, also gröfser als der maximalste Rekonstruktionsvorgang beim ausgewachsenen Tier. Da es sich um Zahlen handelt, die auf gleiche Oberflächen gerechnet sind, so ist der Faktor ungleichen Stoffwechsels durch ungleiche Gröfse völlig eliminiert. Das Wachstum beim Hund erfolgt mit $21{,}5\%$ Eiweifskalorien, dem mittleren Gehalt seiner Muttermilch in der ersten Verdopplungsperiode; es ist daher nicht ausgeschlossen, dafs eine künstliche Erhöhung der Eiweifszufuhr noch eine, wenn auch nur vorübergehende Steigerung des N-Ansatzes im Wachstum hätte herbeiführen können. In der späteren Entwicklung des Hundes muſs es dann eine Periode geben, in der der Wachstumsansatz eben nur die Rekonstruktionsgröſse erreicht, schlieſslich sogar unter diese sinkt.

Wenn demnach beim Hunde die Wachstumsintensität den maximalen N-Ansatz bei der Rekonstruktion überschreitet, so dürfte dasselbe für das gleichfalls rasch wachsende Schaf ebenso liegen, dann zeigt sich also a fortiori, daſs beim Menschen die Wachstumsintensität weit unter der Grenze der Rekonstruktionsfähigkeit seiner Gewebe liegt.

Ich kann auch noch folgendes als zwingenden Beweis für die geringe Wachstumsenergie des Säuglings anführen:

Heubner und ich haben als Wachstumsgröſse bei einem 9,7 kg schweren Säugling 0,46 g N im Tag gefunden bei 660 kg-Kal. Wärmeproduktion in 24 Stunden. Selbst bei der sehr eiweiſsreichen Kuhmilch würde die Menge des N-Ansatzes nicht allzu mächtig sein. An einem andern Kind fanden wir pro 1 kg 0,085 g N-Ansatz täglich für 9,7 kg (9,7 × 0,085) also 0,82 g N-Anwuchs in absolutem Werte. Ein Hund vom selben Gewicht setzt im Stadium der Rekonstruktion bei 30% Eiweiſs kalorien und 70% Fettkalorien über dreimal soviel an als der Säugling bei 20% Eiweiſskalorien in Kuhmilch beim Wachstum.

Daher ist der Schluſs zweifellos sicher, der Wachstums-N-Ansatz liegt beim Säugling weit unter dem maximalen Ansatz für den Aufbau geschädigter Gewebe; denn letzterer kann bei dem Säugling kein anderer sein als er sich nach Maſsgabe der gewaltigen Stoffwechselintensität in dieser Lebensperiode erwarten läſst.

Für die praktische Ernährung des Säuglings, namentlich rekonvaleszenter, ergeben sich demnach andere Gesichtspunkte der Eiweiſsernährung als für die Befriedigung des normalen Wachstums. Zur Rekonstruktion können eiweiſsreichere Gemische, als die Muttermilch eines ist, vermutlich von Vorteil sein.

Für die Gröſse des Wachstums gibt die Zeitfolge der Kernteilung den Takt an; offenbar wird die Ernährung des Säug-

lings durch die Natur auf einer bestimmten langsamen Entwicklung gehalten. Diese Frage will ich in der nächsten Abhandlung eingehender besprechen. Mit der Betonung des Unter-
schieds zwischen Wachstum und Ansatz habe ich auch auf eine
wichtige Klippe in der Säuglingsernährung aufmerksam gemacht.
Verluste von Eiweiß durch Abmagerung werden nicht immer
leicht, jedenfalls nur langsam zu ersetzen sein und das normale
Wachstum sehr hinausschieben, weil zunächst natürlich die Verluste gedeckt sein müssen, ehe neues Wachstum anhebt.

Die Bedeutung der Bestandteile der Frauenmilch als Nahrungs-
mittel des Säuglings.

Warum hat die Frauenmilch so wenig Eiweiß? So wird
sich mancher fragen, der die außerordentlich kleinen N-Mengen
derselben zum ersten Male kennen lernt: »Die Antwort ergeben
die Versuche; ihre Überschüsse reichen durchaus hin, auch ohne
Überanstrengung des Magendarmkanals den N-Ansatz zu bestreiten, falls alles normal verläuft, d. h. die Resorption im Darm
keinen Schwierigkeiten und Unregelmäßigkeiten begegnet.

Jede andere Zusammensetzung der Muttermilch hinsichtlich
des N-Gehaltes würde zu einer Vergeudung von N führen, denn
was nicht zum Wachstum benutzt werden kann, wird einfach
zersetzt oder gespalten. Eine Aufspeicherung von Vorratseiweiß
kommt kaum je in Betracht. Die Frauenmilch besitzt so wenig
Eiweiß, da sich mit ihr trotzdem das physiologische maximale
Wachstum erzielen läßt.

Die Komposition in Milch ist von der Natur so getroffen,
daß sie, wie oben gezeigt, den Säugling auf dem Minimum
des Eiweißbrauches hält, und wenn dieser sich gerade mit Milch
kalorisch betrachtet erhält, so ist doch schon ein kleiner Überschuß von Eiweiß über das Hungerminimum vorhanden, nur
kann ein solcher Ansatz nichts nutzen. Trinkt der Säugling
mehr, so wird diesem Überschuß entsprechend angesetzt, über
die Wachstumsgrenze hinaus zerfällt das Plus an Eiweiß ganz

zwecklos. Am häufigsten wird letzteres bei künstlicher Ernährung mit Kuhmilch der Fall sein.

Für die Säuglingsernährung aller Tiere und des Menschen
ist charakteristisch, daſs sie alle Bedürfnisse wechselnder Art
durch Variation der Volume verzehrter Milch besorgt, das
relative Verhältnis der verzehrten Nahrungsstoffe bleibt das
gleiche. Im späteren Leben sind wenigstens Speise und Trank
getrennt, und die Wahl einzelner Speisen erlaubt auch stoffliche
Relationsänderungen.

Diese Ernährungsweise ist typisch für Tiere, daher recht-
fertigt sich auch noch eine weitere Besprechung derselben.

Ich habe schon oben die Grenze der Nahrungszufuhr angegeben, von welcher ab das wahre Wachstum (nicht selektives)
beginnt.

Der Überschuſs des Eiweiſses wird angesetzt, ebenso das
Fett, der Überschuſs an Kohlehydrat drängt aber das Fett, das
bei kleineren Mengen Nahrung auch für dynamogene Zwecke
Verwendung hatte finden müssen, aus dieser Aufgabe heraus zum
Ansatz. Mit dem Überschuſse der Nahrung steigt also die zum
Ansatz verfügbare Fettmenge nicht proportional, sondern rascher,
etwa um den isodynamen Fettwert der Kohlehydrate des Überschusses. In je gröſserem Prozentgehalt der Zucker vorhanden ist,
um so mehr wird der Nahrungsüberschuſs zu Fettansatz neigen
und die Kohlehydratfettmischung wird daher dasselbe leisten
können wie eine einfache Fettzugabe. Die Zugabe von Kohlehydrat hat aber ihren besonderen Zweck, indem sie für den
niedrigen Eiweiſsumsatz maſsgebend ist, und zweitens weil sie
den Darm von der groſsen Last, groſse Fettmengen zu verdauen
befreit. Das scheint mir der Wert aller Kohlehydrate für den
Mastzweck überhaupt zu sein. Es kommt nicht auf fettbil-
dende Massen von Kohlehydraten, sondern auf fettsparende Relationen der Kohlehydrate an.

Ist der Überschuſs der Nahrung so groſs, daſs das Eiweiſs
im Wachstum keine Verwendung mehr findet, so geht die Ernährung im ganzen zur reinen Fettmast über. Diese steigert nur

langsam das Gewicht, denn der Kalorienwert des Fettes ist
aufserordentlich viel gröfser als der des angesetzten Eiweifses.
Fehler der Fettmast werden erst allmählich erkannt.

Zur Magerkeit führt vor allem eine einseitige Vermehrung
des Verbrauches N-freier Stoffe durch die Unruhe und Bewegung
des Kindes.

Das Wachstum der Organe kann, wie oben schon gesagt,
durch den Mangel an Asche gefährdet werden.

———

Das Wachstumsproblem und die Lebensdauer des Menschen und einiger Säugetiere vom energetischen Standpunkt aus betrachtet.

Notwendigkeit einer vergleichend physiologischen Betrachtung des Wachstums.

So sehr es berechtigt ist, in der Übertragung der bei Tierversuchen gefundenen Vorgänge auf den Menschen Vorsicht walten zu lassen, so unberechtigt erscheint es mir, auf die vergleichend physiologischen Tatsachen so wenig Wert zu legen wie es gegenwärtig auf manchen Gebieten geschieht, da die Auffindung der Grundsätze, nach denen die physiologischen Funktionen verschiedener Spezies geordnet sind, zweifellos für die Sicherung des allgemeinen Wissensbestandes von großem Werte ist.

Unter den Erscheinungen der lebenden Welt gibt es keine, welche mehr die Eigenart des Belebten zum Ausdruck zu bringen vermöchte, wie jene der ewigen unerschöpflichen Erneuerung der Individuen. Seit dem Uranfang belebter Materie hat diese in jugendlicher nie versiegender Kraft alte Formen frisch verjüngt und neue geschaffen; in Mengen die geologischen Formationen als Grundlage dienten, sind auch unzählige Spezies zugrunde gegangen. Die Gestaltungskraft der belebten Natur hat seit unfaßbaren Zeiträumen nichts an Umfang verloren, die Natur versucht sich immer wieder an neuen Lösungen und Möglichkeiten individueller Existenzen.

Die Bildung belebter Masse überhaupt und die Erzeugungs-
weise der Nachkommen begreift eine solche Fülle biologischer
Probleme in sich, daſs nur ein Teil derselben trotz unermüd-
licher ernster Arbeit einer Bearbeitung und einem Verständnis
entgegengeführt worden ist. Vor allem ist es die entwicklungs-
geschichtliche Forschung, welche unter anderm den Ablauf von
Fortpflanzung und Zeugung und deren morphologische Erscheinungen vom Beginn der Befruchtung bis zum Bau des
reifen Organismus uns vor Augen führt, und die Fragen der
Vererbung mit ihren unerschöpflichen Problemen aufzuklären
sich bemüht. So kompliziert und rätselhaft auch die einzelnen
Vorgänge sind, die das mikroskopische Bild und die makro-
skopische Erscheinung vor unserm Blick vorübergleiten läſst,
so widersprechen sie doch nicht der Vermutung, daſs diesem
allgemeinen Werdegang, individuell und vielgestaltig wie er ist,
einheitliche Grundsätze und Lebensäuſserungen der belebten
Materie die Unterlage geben, nach denen, abgesehen von der
Formgebung, die Nahrungsaufnahme, Verwendung dieser zur
Massenproduktion und zum Unterhalt des Lebens verläuft.

Am verständlichsten sind uns solche Prozesse noch für die
reinen Erhaltungsvorgänge, d. h. für den Aufwand der Stoffe,
die zur Instandhaltung des labilen Gleichgewichtszustandes der
lebenden Substanz nötig sind. Wir können das, was wir in
dieser Hinsicht an den komplizierten Organismen gefunden haben,
auf die übrigen Lebewesen, soweit sie wieder als ganze Organismen betrachtet werden, übertragen.

Wenn wir aber den komplizierten Werdegang der Zellneu-
bildung betrachten, so verläſst uns das Zutrauen, ob diese Vorgänge im ganzen einen Prozeſs darstellen, der unter eine einheitliche Ernährungsformel zu fassen ist. Das morphologische Geschehen in zielbewuſster Folge der Erscheinungen läſst in seiner
Wandelbarkeit des Formenkreises kaum dem Gedanken Raum,
daſs das, was hier nach den Gesetzen ontogenetischer Vererbung offenbar sich vollzieht, noch in einen bei den Ernäh-
rungsprozessen überhaupt geltenden Maſse gemessen werden
könne.

Wenn wir aber die Prozesse in ruhenden, nicht wachsenden Zellen betrachten, deren Leben auch mit mancherlei sichtbaren und noch mehr unsichtbaren molekularen und partikularen Umlagerungen vor sich geht, und es da gelungen ist, ihre Arbeitsweise und Größe in den Gesetzen des Stoff- und Energieverbrauchs auszudrücken, warum sollte es unmöglich sein, auch für die Grundgesetze des Wachstums — natürlich nur für biologisch vergleichbare und definierbare Zustände — in der Bilanz der Nahrungsstoffe und der Energie einen geeigneten Ausdruck zu geben?

Ich habe nach einigen Richtungen hin, bei Einzelligen (Arch. f. Hyg. LVII 16) schon bewiesen, daß gerade bei ihnen, wo das Wachstum so in erster Linie steht, eine Reihe von energetischen Grundsätzen sich auffinden lassen. In der vorhergehenden Abhandlung habe ich die Vorgänge der Säuglingsernährung behandelt. Das Wachstumsproblem muß aber auf eine breitere Basis gestellt werden; um allgemeiner die Lebensfunktionen zu erfassen und »gleichartig geltende« Grundsätze zu erkennen, muß man gewissermaßen das ganze Weltmeer des Lebenden durchkreuzen; von den Mikroorganismen angefangen bis zu den höchst entwickelten Formen. Ich werde im folgenden zunächst das Wachstum der Säugetiere einer Betrachtung unterziehen und hoffe zeigen zu können, daß uns dieses komplizierte und bis jetzt kaum bekannte Arbeitsgebiet, überraschende Tatsachen in Fülle zu bieten vermag. In einer späteren Abhandlung werde ich die Verhältnisse der Einzelligen, näher als bis jetzt geschehen ist, darlegen.

Das Fesselnde in den Naturerscheinungen liegt in der **Einfachheit der biologischen Grundgedanken**, die trotz Vielfältigkeit der morphologischen äußeren und inneren Erscheinung, der Wuchsform wie des Zellaufbaus unter tausendfältigen Varianten der Lebensbedingungen ihre Ziele erreichen.

Die Neuzeit hat zwar versucht, das Wort »biologisch« etwas zu diskreditieren, aber mit vollem Unrecht. Die Lebensäuße-

9

rungen bilden eben doch ein besonderes Gebiet der experimentellen Forschung, deren Ergebnisse der Wissenschaft neue
Aufgaben stellen.

Gerade im Anschluß an die Betrachtungen über den Kraft-
und Stoffwechsel der Säuglinge scheint es mir angemessen, die
Wachstumserscheinungen in größerem Umfange zunächst bei den
Säugern zu betrachten. Es ist in hohem Maße interessant
zu erfahren, ob die Natur innerhalb dieser Gruppe von Lebewesen in allen Fällen ihre Ziele in gleicher Weise und mit
denselben Mitteln erreicht, oder ob sie darin verschiedene Wege
geht. Ich glaube man darf sagen, es wird vielleicht da mehr
an Antwort erhalten, als ein noch so genaues Studium einer
Spezies an sich bieten kann.

Was ich unternehmen will, ist in seinen Mitteln ein neuer
und erster Versuch, der aber in seinem Ergebnis, wie ich glaube,
zu einem wichtigen Endresultat gelangt ist.

Ausgehend von dem Gedanken, daß jede gesicherte Tatsache in der Wissenschaft ein unverrückbares Fundament darstellt, will ich versuchen, die Verbindung zwischen unserer
heutigen Ernährungslehre mit einer Reihe experimenteller Tatsachen herzustellen, die man entweder gar nicht zu deuten vermochte, oder die in ungenügender Weise fruchtbar gemacht
worden sind.

Wenn man sich die Literatur des Wachstumsproblems im
Sinne der Stoffwechselvorgänge oder überhaupt bezüglich der
einfachsten Massenveränderung und ähnlicher Tatsachen ansieht,
so kann man sagen, das ganze Problem ist mehr als stiefmütter-
lich behandelt worden. Am zusammenfassendsten ist das Material
noch in Rud. Wagners Handwörterbuch der Physiologie behandelt,
ziemlich kurz ist der Abschnitt in Hermanns Handbuch der
Physiologie von Hensen bearbeitet. Neuere Lehrbücher bringen
zu dem Thema auch nur kurze Andeutungen und einzelne zu-
sammenhanglose Beobachtungen. Diese kümmerliche Behandlung
liegt in der Natur der Sache und darin begründet, daß die
mikroskopischen Vorgänge und die Vererbungsfrage das wissenschaftliche Denken in erster Linie in Beschlag genommen hat.

Bei den Säugern und höheren Tieren sind unsere Bestre-
bungen die Ernährungsvorgänge zu erläutern, genau den ent-
gegengesetzten Weg gegangen, wie die analogen Studien bei
den Mikroorganismen; bei ersteren hat man den Stoffwechsel
und Kraftwechsel der Erhaltungsdiät ziemlich eingehend bearbeitet und in den wesentlichen Zügen aufgeklärt, die Physiologie des Wachstums aber harrt noch so gut wie ganz einer ein-
gehenden Bearbeitung. Bei den Mikroorganismen kümmerte man
sich meist nur um die Wachstumserscheinungen, und hatte
die Fragen der Erhaltungsdiät und des Stoffwechsels bis vor
kurzem ganz unbeachtet gelassen.

Das Wachstum der Säuger hat sein besonderes Interesse,
wenn auch die Geschwindigkeit seines Ablaufs und die Massenproduktion, die nicht im entferntesten einen Vergleich mit den
Mikroorganismen zuläfst, eine aufserordentlich eingeschränkte ist.

Die Wachstumsgeschwindigkeit.

Das Wachstum erregt unser Interesse in mannigfacher Weise,
z. B. durch die Beziehungen des Fötus zum mütterlichen Leibe,
oder hinsichtlich der Lebensäufserungen der Nachkommenschaft
selbst, der zeitlichen Entwicklung der Massenverhältnisse (Wachs-
tumskurven), der Stoffwechselverhältnisse der Neugebornen, der
Mutterernährung, künstlichen Ernährung, Gröfse des Nahrungsbedarfs, der Begrenzung der Wachstumszeit und der Jugend.

Das Wachstum in der Tierwelt im weitesten Sinne gibt
durch die Probleme der Fortpflanzung und Erhaltung der Spezies
eine Fülle von philosophischen Anregungen. Die Menge der
Nachkommenschaft hat nicht nur Bedeutung für diesen Kampf
mit schwierigen Existenzbedingungen, sondern setzt auch besondere stoffliche Leistungen des Mutterorganismus voraus.

Bei den vielen Fragen, die uns auf diesem Gebiete inter-
essieren können, ist doch wohl das Problem der jugendlichen Entwicklung der Individuen ein recht bedeutungs-
volles; es scheint mir von Wichtigkeit, festzustellen,
ob die Jugend der Tiere grofse gemeinsame Züge

unter sich oder im Vergleich zum Menschen auf-
zuweisen hat.

Merkwürdigerweise hat man große Schwierigkeiten einiges
Material zu erhalten. Jedenfalls ist eines sicher, daß, nach
äußerlichen Merkmalen beurteilt, das Jugendleben und besonders
das Leben der Neugebornen ein sehr verschiedenes ist, an die
Lebensfähigkeit mitunter große Anforderungen stellt und von
der Umgebung ein erhebliches Maß von Pflege erfordert.

Es gibt schon in physiologischer Hinsicht um bei den Säugern
zu bleiben, Neugeborne von verschiedenem Werte, die einen im-
stande sofort der Mutter zu folgen, frisch und munter in den
Bewegungen, die andern hilflos, blind, unfähig zum Gehen, statt
des Pelzes mit nackter Haut bekleidet, so daß sie in beständiger
Gefahr übermäßiger Wärmeverluste stehen und nur durch das
Aneinanderschmiegen des ganzen Wurfs oder den Leib der
Mutter, oder durch ein kunstvolles Nest sich halten können.

Die materiellen Leistungen, welche vollzogen werden müssen,
um aus dem Neugebornen einen Erwachsenen zu machen, sind
naturgemäß sich ziemlich ähnlich, sie lassen sich bei den
Säugern in ihren Größendimensionen wenigstens einigermaßen
schätzen, wenn man das Gewicht der Neugebornen im Verhältnis
zum Muttertier berechnet. Schon das Handwörterbuch der
Physiologie von Rudolph Wagner 1853 Bd. IV. p. 725 führt
eine Tabelle auf, die allerdings in vielen Teilen reformbedürftig ist.

Ich habe sie, bei den mit * bezeichneten Werten nach Angaben aus Thiele, Landwirtschaftl. Lexikon ergänzt, doch sind
die Werte über das Gewicht der Muttertiere großen Schwankungen unterworfen, namentlich deshalb, weil der Mästungs-
zustand verschieden ist und das Muttergewicht inkl. der Jungen
angegeben wird, was natürlich dort, wo viele Junge geworfen
werden, wie beim Schwein, erhebliche Zuwächse am Lebendgewicht ausmacht. Das Schwein ist häufig schon reich an Fett,
wenn es Junge wirft. Andere Tiere werden belegt noch ehe sie
selbst ausgewachsen sind, das dürfte bei den von Hensen ent-
lehnten Zahlen der Meerschweinchen ein Grund der abweichenden
Werte sein. Bei manchen Spezies wird das Junge relativ früh-

zeitig zur Welt gebracht, andere haben ein länger währendes
fötales Leben.

	Körpergewicht der Mutter kg	Gewicht eines Neugebornen kg	Relatives Gewicht Mutter = 100	
Mensch	55	3,0	5,5	
Hund	22	0,44	2	
Pferd	450	50	11	
Kuh	450	35	8,5	7,6
Schaf	50	3,9	7,8	im Mittel.
Schwein	80	2,4	3	
Meerschweinchen .	0,62 n. Hensen [1]) 0,087		14,2	
Maus	0,02	0,0017	8,5	

Es ist wahrscheinlich, dafs man bei noch kritischerer Er-
hebung der Zahlen, namentlich bei möglichst vielen direkten
Vergleichen von Mutter und Kind, und mit Berücksichtigung des
Umstandes, dafs nur ausgewachsene Tiere belegt werden sollen,
zu noch ähnlicheren Zahlen kommt.

Die Frage, was der unerwachsene mütterliche Organismus
leistet, wäre für sich zu behandeln, vermutlich ist dessen Leistungsfähigkeit relativ gröfser als der der erwachsenen Tiere — wenigstens
innerhalb bestimmter Entwicklungsperioden. Auch ist die Zahl
der Jungen für das Gewicht der einzelnen Individuen nicht ohne
Einflufs.

Die obigen Zahlen machen es wahrscheinlich, dafs die einzelnen Organismen bis zum Zeitpunkte des Erwachsenseins eine ungleiche Massenproduktion im Verhältnis zum Geburtsgewicht haben, aber die Unterschiede sind nicht so grofs, als man früher angenommen
hatte, man wird sehr analoge Verhältnisse voraussetzen dürfen.
Eine gewisse Regulation dieser Verhältniszahlen mufs sich ohne
weiteres aus dem physiologischen Grunde ergeben, dafs die
Frucht eben immerhin gewisse Grenzen zum Mutter-
leibe innehalten mufs.

Bei dieser Ähnlichkeit der Leistungen im Gesamtaufbau der
Tiere liegt der Gedanke nahe, der Dauer dieser Entwicklungs-

---

[1]) Handb. d. Physiol. v. Hermann VIa, S. 246.

periode unser **Augenmerk** zuzuwenden. Ihre Ungleichheit wird niemanden befremden, denn es ist gewiß, die Dauer der jugendlichen Entwicklung fällt, wie auch tägliche Erfahrungen lehren, höchst ungleich aus. Der erste Versuch, das Wachstum in der Jugendperiode aller Tiere vergleichend zu behandeln und diese in eine nähere Verbindung zu dem maximal zu erreichenden Alter zu bringen, ist von Georges Louis **Leclerc**, der später den Titel eines Grafen **von Buffon** erhielt (geb. 1707, gest. 1788), gemacht worden. In der damaligen Zeit konnte bei dem gewaltigen Aufschwung naturwissenschaftlichen Denkens die offenkundige Tatsache der ungleichen Lebenslänge großer und kleiner Tiere sich der spekulativen Betrachtung nicht entziehen, und es war in der Erwartung der Auffindung von Naturgesetzen am Ende nicht verwunderlich, wenn man sich den Lebensgang jedes Tieres nach einem bestimmten Schema, in welchem der Wachstumszeit, der Periode kräftigster Entwicklung, dem Alter, gewisse Teile der ganzen Lebenszeit zugewiesen waren, geordnet dachte. So glaubte **Buffon**, die maximale Lebensdauer währe sechsmal so lang wie die Jugendzeit.

Fast ein Jahrhundert später, 1856, hat dann **Flourens** diesen Gedanken wieder aufgegriffen und durch einige Untersuchungen über die Dauer des Lebensalters und der Jugendzeit, letztere gemessen nach bestimmten anatomischen Charakteren der Tiere, zu belegen gesucht. Sein Material, ausschließlich Beobachtungen an Säugern, ist aber sehr spärlich und nicht gerade sehr beweisend gewesen; ja, das **Buffon-Flourens**sche Gesetz hat bei den Zoologen der späteren Zeit keinen Beifall gefunden, weil man es durch Verallgemeinerung leicht ad absurdum führen konnte. **Weismann** (Über die Dauer des Lebens, Jena 1882) begründet die Ablehnung dieser Anschauungen mit dem Hinweise, daß es Gruppen von gleich langlebigen Tieren gebe, bei denen unmöglich solch konstante Zahlenbeziehungen zwischen Dauer der Jugendzeit und gesamter Lebensdauer bestehen könnten. In der Gruppe der Tiere, welche 200 Jahre erreichen sollen, finden wir den Elefanten, Hecht und Karpfen, in der Gruppe der 40 jährigen das Pferd,

Kröte und Katze, in der Gruppe der 20 jährigen Schwein und Krebs.

Will man also nach Flourens annehmen, die Jugendzeit währe ein Fünftel der ganzen Lebensdauer, so müfste diese bei den 200 jährigen 40 Jahre dauern, es widerspricht aber jeder Erfahrung, dafs Hecht und Karpfen erst nach 40 Jahren ausgewachsen sein sollen, ja soviel Zeit braucht nicht einmal der zu dieser Gruppe gehörige Elefant.

Die Jugendperiode kann demnach, wie man jetzt annimmt, in keinem gleichbleibenden Verhältnis zur Lebenslänge in der Tierwelt stehen, den inneren Grund der verschiedenen maximalen Lebenszeit sucht man vielmehr in den Eigenheiten der Fortpflanzungsweise, die zum Zwecke der sicheren Erhaltung der Spezies eine verschiedene Dauer notwendig macht. Ist durch die Produktion der Fortpflanzungsstoffe ausreichend für die Spezies gesorgt, so erlischt die Notwendigkeit der Individualexistenz, der Organismus altert und stirbt. Der Buffon-Flourenssche Gedanke ist somit entbehrlich geworden.

Schalten wir aber zunächst die Fragen der Lebensdauer von der Betrachtung ganz aus und wenden wir uns dem Problem der Wachstumsperiode allein zu, so scheinen in dieser Hinsicht, wie man glaubt, sehr einfache Verhältnisse bei den Tieren gegeben. Da die verschiedenen Organismen durch die Natur mit verschiedener Körpergröfse gebildet werden, so sieht man in der Wachstumsdauer einen zwar numerisch noch nicht überall exakt bestimmten, aber doch sehr einfachen Vorgang, man setzt voraus, dafs die Bildung grofser Tiermassen eben mehr Zeit erfordert als jene der kleinen Organismen. Wie gesagt, näher begründet und analysiert ist diese Anschauung bisher nicht. Man könnte aber wenigstens für die Säugetiere ihre Wahrscheinlichkeit mit dem Hinweis auf die gleichheitlichen quantitativen Aufgaben des Wachstums stützen, da das Gewichtsverhältnis vom Muttertier und Neugeborenen sich durchschnittlich wie 100 : 8 verhält, also die Leistungen der Wachstumsperiode in analoger Vermehrung des Anfangsgewichtes um ein gleiches Multiplum bestehen. Für die ungleiche Dauer der Wachstumszeit in Abhängigkeit von der Masse des Tieres liefse sich als Beispiel anführen, dafs die Fliegenmade schon in 1 Tage, die Maus in 21 Tagen, der Elefant in 8766 Tagen (= 24 Jahren) ihre maximalen Körpergewichte erreichen.

Die Annahme der Massenbildung als entscheidendem Faktor der Jugendzeit ist von bestrickender Einfachheit, und wenn man so extreme Beispiele wählt, ein besonders schlagendes Argument. Schliefslich aber möchte man, dem kausalen Denken folgend, gerade wissen, warum das eine Wesen eben in dem Wachsen fortfährt, wo das andere sein Wachstum mit Bruchteilen eines Grammes Leibessubstanz abschliefst.

Es ist auch aufserdem gar nicht erwiesen, dafs Made, Maus und Elefant nach ganz den gleichen Lebensgesetzen wachsen und in einheitlicher Stoffwechseltätigkeit dem Endziel sich nahen. Die Resultate könnten das Ergebnis sehr verschiedener Prozesse von Wachtumsvorgängen sein. Man darf nicht nur das End-ergebnis ungeheuer verschiedener Endgewichte betrachten, sondern man mufs die relativen Leistungen ins Auge fassen durch die Bestimmung der Zeit, in welcher gleichartige Gewichtsverände-rungen erzielt werden. Eine solche Feststellung des relativen Wachstums einzelner Spezies könnte zu wichtigen physiologischen Ergebnissen führen, weil möglicherweise in der Ähnlichkeit gleicher Wachstumsgesetze auch verwandtschaftliche Beziehungen einzelner Spezies zum Ausdruck kommen werden. Das Wachs-tum ist eine Grundeigenschaft der Zelle und in seiner Zeitfolge ursächlich mit der Geschwindigkeit der Zellteilung verbunden. Das Wachstum selbst stellt mit seiner quantitativen Begrenzung ein wichtiges Charakteristikum der Spezies dar, und läfst gerade deshalb eine Eigenart auch in der Zeitfolge der Zellteilung ver-muten.

Schon heute können wir mit Bestimmtheit sagen, es liegen Besonderheiten in der Wachstumsgeschwindigkeit vor, die nur durch die groben Züge einer oberflächlichen Betrachtung der ganzen Massenentwicklung, wie sie in den Verschiedenheiten der Wachstumszeit einer Maus und eines Elefanten liegen, gewisser-mafsen verwischt und unterdrückt werden. Man mufs die Wachs-

tumsgeschwindigkeit näher feststellen. Es liefse sich ein Entscheid hierüber geben, wenn man die Dauer der Jugendzeit mit
dem erreichten Endgewicht vergleichen könnte; solche Unterlagen finden sich aber nur spärlich. Dagegen finden sich mehrfach andere Angaben, aus denen hervorgeht, dafs die Leistungen
des Wachstums in der Zeiteinheit ungleiche sind (s. b. Hensen,
Hermanns Handbuch der Physiol. Bd. VIa), d. h. dafs gleiche
Gewichtszuwächse in ganz ungleichen Zeiten erreicht werden.

Besonders wertvoll sind in dieser Hinsicht die Zusammen-
stellungen und Messungen, welche Bunge und seine Schüler
über die Zeiten angestellt haben, die zur Verdoppelung des Gewichts der Neugeborenen verschiedener Tiere notwendig sind. Diese Angaben umfassen allerdings nur kleine Zeitanteile der gesamten Wachstumszeit, aber sie treffen einen sehr wichtigen Punkt der ganzen
Reihe, nämlich die Säuglingsperiode bei den Tieren, und sind
mir schon um deswillen als bedeutungsvolle vergleichend physiologische Tatsachen bemerkenswert gewesen.

Nachstehend finden sich diese Wachstumszeiten angeführt.

Die Verdoppelungszeit beträgt

beim Kaninchen	6 Tage[1]	(6)
bei der Katze	9 »	(9)
beim Hund	8 »	(9)
» Schwein	16 »	(14)
» Menschen	180 »	(180)
» Schaf	12 »	(15)
» Rind	47 »	(47)
» Pferd	60 »	(60).

Die Angaben sind für die gröfseren Tiere genau genug,
für die kleineren aber nur Näherungswerte, weil sie nur nach
Tagen die Verdoppelungszeiten aufführen.

---

1) Die eingeklammerten Zahlen sind spätere Korrekturen, die zum Teil
nach ausgedehnteren Untersuchungen v. Abderhalden gemacht wurden.
Zeitschr. f. phys. Chemie, Bd. XXVII, Generaltabelle S. 462. Die Zahl 8 für
den Hund halte ich für richtiger.

Wenn nur 6 Tage, wie beim Kaninchen, oder 9 Tage, wie bei der Katze in Betracht kommen, ist es wünschenswert, auch die Bruchteile eines Tages der Wachstumszeit festzustellen.

Immerhin ist damit sichergestellt, was zu wissen nötig ist. Mag man auch früher schon gewußt haben, wie ungleich schnell die Säugetiere sich entwickeln, das genauere umfangreichere Material hat seine große Bedeutung.

. Ich will an diese Beobachtungen anknüpfen, sie sind bisher nicht näher daraufhin untersucht worden, was sie uns überhaupt hinsichtlich der körperlichen Entwicklung der Tiere sagen können. Es sind Teilstücke des ganzen Entwicklungsgangs dieser Tiere, aber es ist in höchstem Maße wahrscheinlich, daß auch die weiteren Perioden der Verdoppelung, Verdreifachung und Vervierfachung in ähnlichem Verhältnis stehen; nur liegt zurzeit kein Material vor, an dem man genaueres ersehen und etwaige kleine Abweichungen feststellen könnte.

Es wäre dringend erwünscht, wenn weitere Untersuchungen angestellt würden. Vor allem käme es auf die Beachtung folgender Punkte an: Die Muttertiere sollen wohlgenährt und ausgewachsen sein. Bei Mehrgebärenden ist die ganze Nachkommenschaft der Mutter zu belassen; die Tiere dürfen nur Muttermilch erhalten, sie müssen unter möglichst natürlichen Verhältnissen bleiben, und endlich muß verhütet werden, daß bei kleinen Tieren die Kälte einwirken kann.

Die Verdoppelungszeit wird also eine Konstante der Spezies sein mit den natürlichen Abweichungen nach oben und unten, die wir überall bei derartigen Lebenserscheinungen sehen.

Die Wachstumsgeschwindigkeit, wie sie sich in der Verdoppelungszeit des Gewichts ausdrückt, schwankt um das 30fache, soweit die aufgeführten Zahlen ersehen lassen, natürlich werden noch weit größere Differenzen in der Tierwelt vorkommen bis hinunter zu den Einzelligen, wo wir vielfach auf Verdoppelungszeiten von 20—30 Minuten stoßen.

Warum aber die Prozesse der Zellteilung und des Aufbaues der Zellen so außerordentlich ungleiche sind, das regt zur Aufklärung an.

Hängt es mit der Ernährungsweise der Tiere mit Besonderheiten des Stoffwechsels zusammen? etwa mit einer einseitigen Steigerung des Vermögens des Eiweißansatzes? Inwieweit wird das Wachstum etwa durch ein ungleiches Resorptionsvermögen von Nahrungsstoffen bedingt? Was Größe oder Kleinheit der Neugeborenen an Einfluß ausüben können, ist von vornherein nicht klar. Man sollte meinen, daß die Kleinheit des Tieres wegen der großen Anforderungen, die an den Stoffwechsel gestellt werden, überhaupt Schwierigkeit des Wachtums bedeutet.

Um all dies zu erklären, müßte man die ganze Wachstumsernährung aller dieser einzelnen Säugetiere einzeln ins Detail studieren, außer für Kalb und Säugling des Menschen liegen bis jetzt überhaupt keine direkten Untersuchungen vor, ja es wird vielleicht noch Jahrzehnte dauern, bis wir darüber verfügen.

Ich bin daher in der Lösung dieser Frage der verschiedenen Wachstumsenergie bei verschiedenen Tieren von einem ganz anderen Gesichtspunkt ausgegangen, als dem mehr detaillierenden, der die Kenntnis der Stoffwechselvorgänge der einzelnen Tiere zur Voraussetzung hat; ich versuche an der Hand der Gesetze des Energieverbrauchs, soweit wir sie bis jetzt kennen, zuerst die Erscheinungen in großen Zügen zusammenzufassen, es der späteren Detailarbeit überlassend, kleinere Differenzen und Eigenarten der Wachstumsarbeit aufzudecken.

Bei den Verschiedenheiten des Wachstums verschiedener Tiere findet durch die Neubildung von Körpermassen ein Gewinn von Eiweißstoffen, Fett und anderen Körperstoffen statt, der sich unter Umständen als Gewinn einer Summe von Energie wird ausdrücken lassen, und ebenso wird durch den Eiweißansatz die N-Menge des Körpers auf einen anderen Bestand gebracht.

Ich will zunächst den Versuch machen, für diese körperliche Änderung einen zahlenmäßigen Ausdruck zu erhalten. Wenn das Analysenmaterial hinsichtlich der Körperzusammensetzung, über das ich verfüge, auch kein großes ist, so reicht es doch hin, einen mittleren Wert als Näherungsgröße zu gewinnen, der für alle weiteren Betrachtungen vollauf genügt. Wissen wir doch, daß gerade, was den materiellen Aufbau des Körpers betrifft, die Organanalysen wie die des Muskels, z. B. in dem hier in Frage stehenden Sinne, durchaus kein variables Bild geboten haben.

Welchen stofflichen und kalorischen Wert hat die Bildung der Körpersubstanz?

.Die Zusammensetzung ganzer Tiere ist mir durch mehrere Untersuchungen bekannt; ich habe bei kleinen Tieren — Mäusen — gefunden:

	100 Teile Normaltier enthalten:	100 Teile Hungertier nach dem Hungertod
Trockensubstanz .	30,22	27,47
Asche	3,66	4,59
Fett	7,18	1,56
N	2,52	3,01

bei Kaninchen hatte ich beobachtet:

Trockensubstanz .	33,01	26,30
Asche	4,22	6,36
Fett	8,00	0,62
N	2,86	2,99.

Die Analysen der beiden ganz verschiedenen Tiere stimmen also sehr gut überein, sowohl im gut genährten Zustand, als nach dem Hungertod.

Für den Neugeborenen des Menschen gibt W. Camerer jun. (Zeitschrift für Biol., Bd. XXXIX, S. 182 und Bd. XL, S. 531) folgende Zusammensetzung im Mittel aus 4 Analysen:

	100 Teile enthalten:
Trockensubstanz	28,5
Asche	2,65
Fett	12,5
N	1,95.

Danach sind doch einige Unterschiede zwischen der Zusammensetzung der Tiere und des Säuglings vorhanden. Die Inkongruenz betrifft vor allem den geringen Gehalt an Trockensubstanz bei Camerer. Rechnet man die fettfreien Trockensubstanzen, so findet sich in 100 Teilen frischer Substanz:

	beim Normal-	beim verhungerten Tier
Maus	24,81	26,33
Kaninchen	27,29	25,85
Säugling	18,29	—

Ferner Asche und Fett frei berechnet in 100 Teilen:

Maus	21,73	22,71
Kaninchen	23,68	20,75
Mensch	15,73	—

Demnach wären die Neugeborenen erheblich wasserreicher als die Organismen später gefunden werden. Freilich begegnet man in der älteren Literatur mehrfach solchen Angaben, sie beruhen aber oft nur auf einem Urteil gemäß der Trockenbestimmung ohne Rücksicht auf den Fettgehalt der untersuchten Teile, obige Zahlen beziehen sich aber einwandfrei nur auf die Relation von Wasser und Eiweißmaterial. Für die frühen Entwicklungsstadien, die Bezold (Würzburg. Verh. Bd. VII, S. 251, 1857), bei Tieren untersucht hat, lassen die Zahlen trotz des Mangels von Fettbestimmungen kaum einen anderen Schluß als den eines erheblichen Wassergehalts der Föten zu. Größere Versuchsreihen an menschlichen Föten hat Fehling (zit. bei Camerer, Biologie, Bd. XXXIX l. c.) ausgeführt, aus denen sich, weil auch Fettbestimmungen vorliegen, wenigstens für die fettfreie Substanz der Wassergehalt errechnen läßt. Ich finde pro 6 Monat 9,7 % Trockensubstanz im 7. Monat 14,0 % im 8. Monat 16,7 %. Ich glaube, daß das Material durch weitere Untersuchungen dringend ergänzt werden müßte, speziell sollte man auch einzelne Organe, wie die Muskeln, das Herz usw. auf ihre Zusammensetzung prüfen. Es ist kaum anzunehmen, daß funktionstüchtige Organe beim Neugeborenen so wesentlich im Wassergehalte von der sonstigen normalen Beschaffenheit abweichen sollten.

Wir wissen mit absoluter Sicherheit, dafs der Wassergehalt der fett- und aschefrei gedachten Organsubstanz bei verschiedenen Spezies der Säugetiere, ja selbst bei Kaltblütern, nicht wesentlich verschieden ist; man findet auch nach konsumierenden Krankheiten, wie Tuberkulose, im Muskel keinen abweichenden Wassergehalt; zwischen verhungerten und normalen Tieren (s. o.) bewegen sich die Differenzen innerhalb kleiner Schwankungen. Die Regulation des mittleren Wassergehalts wird von der Natur sozusagen ängstlich überwacht.

Daher meine ich auch, es sollte die Frage beim kindlichen Organismus noch eingehender studiert werden.

Da für die Verdopplungszeit des Säuglings = 180 Tage unter keinen Umständen eine so abweichende Zusammensetzung des Körpers anzunehmen ist, wie es nach Camerers Experiment, für die Zeit unmittelbar nach der Geburt zu liegen scheint, so nehme ich für weitere Berechnungen die von mir erhaltenen Zahlen als Grundlage. Da die Magerkeit häufiger ist als Fettreichtum, rechne ich pro Kilo Wachstumszuwachs rund 30 g N, und nach direkter Bestimmung an Tieren 1722 Kal. als Energiewert.

Ich füge noch einen Vergleich des N-Gehalts der fett- und aschefreien Substanz von Tieren und den Wert Camerers für den Säugling unter denselben Verhältnissen an.

100 Teile fett- und aschefreie Trockensubstanz enthalten an N:

	Normal	Hungertier
Maus	13,00	14,11
Kaninchen . . .	13,45	15,49
Mensch	14,97	—

Die Differenzen sind wahrscheinlich auf ungleichen Glykogengehalt zu beziehen, im übrigen eignen sich die spärlichen Zahlen nicht zu weittragenden Vermutungen.

Überblickt man die von mir für Tiere verschiedener Art und verschiedenen Ernährungszustandes gefundenen Zahlen, für den N-Gehalt der frischen Substanz des Tierleibes, so sind sie genau genommen, nicht sehr abweichend, auch wenn der Fettgehalt immerhin in ziemlichen Mengen schwankt.

Die durch das Wachstum verursachten täglichen Veränderungen der verschiedenen Säuger lassen sich nunmehr leicht einer annähernden Berechnung unterziehen.

1 kg Tier enthält 30 g N und wächst allmählich auf 2 kg = 60 g N, in dieser Zeit hat es 30 g N als Anwuchs erhalten. Im Mittel der ganzen Reihe ist der N-Bestand $\frac{30 + 60}{2} = 45$[1]); wenn auf 45 mittleren N-Bestand 30 neu angesetzt werden, so träfe auf 100 N Körperbestand + 66,6 % Veränderung, daraus folgt als täglicher Ansatz im Verhältnis zum N-Bestand des Körpers $\frac{66}{\text{Tage der Verdopplungszeit}}$ also = folgenden Werten in aufsteigender Reihe vom kleinsten Tiere beginnend:

	täglich angesetzt für 100 N
Kaninchen	11 %
Katze	7,3 »
Hund	7,4 »
Schwein	4,7 »
Mensch	0.36 »
Schaf	4,4 »
Rind	1,4 »
Pferd	1,1 »

Die Veränderungen der ganzen Körpermasse, wie sie in einem Tag beim Wachstum eintreten können, sind in einzelnen Fällen aufserordentlich grofs. Wenn sich, wie beim Kaninchen, die ganze Organmasse täglich um 11 % vermehrt, so zeigt sich uns die lebende Substanz von einer enormen Schaffungskraft.

Diese Zahlen sind Mittelwerte aus der ganzen ersten Verdoppelungsperiode, der Anwuchs mufs bald nach der Geburt noch viel gröfser sein, d. h. im Beginn des ersten Wachstums, was aber nicht immer unmittelbar nach der Geburt einsetzt.

---

1) Die Annahme anderer Werte übt auf die relative Gröfse, wie ich sie hier berechne, keinen Einflufs.

Wenn es auch den Anschein hat, als stehe das Wachstum mit der Körpergröfse in irgendeinem Zusammenhang, so sind doch die Regelmäfsigkeiten nicht scharf, und mangels weiterer Erkenntnis der eigentlichen Ursache des Ansatzes schwer zu deuten.

Der Mensch fällt durch seinen aufserordentlich kleinen N-Ansatz ganz aufserhalb des Rahmens aller übrigen Säuger, er hat offenbar die allergeringste Befähigung seine Masse durch Wachstum zu verändern, was zunächst wunderbar erscheint, wenn wir uns der Tatsache erinnern, dafs gerade der Säugling doch so sehr kleine N-Überschüsse in seiner Kost im Wachstum verwertet. Tut er es also in dieser Beziehung sicherlich keinem anderen Säuger nach, so sind offenbar die oberen maximalen Grenzen, innerhalb deren er den N zum Ansatz im Wachstum gebrauchen kann, weit hinter denen der Tiere nachstehend.

Dies kann man mit absoluter Sicherheit sagen, da das an Geburtsgewicht ihm völlig gleichkommende Schaf über zehnmal so viel Ansatz erzeugt als er. Das ist uns also gleich wieder ein Hinweis dafür, wie nutzlos eine Überlastung des kindlichen Körpers mit Eiweifs sein mufs, und wie sehr man gut tut, in dieser Hinsicht vorsichtig innerhalb der besonderen physiologischen Grenzen der optimalen, spezifisch menschlichen Eiweifsquanta zu bleiben. Was einer anderen Spezies nutzt, gereicht dem Menschen nur zum Nachteil oder legt ihm wenigstens eine Tätigkeit des Darmes auf, die er vielleicht leisten kann, die aber für ihn ohne Zweck bleibt.

Ich habe an anderer Stelle dargetan, dafs die Wachstumsintensität beim Säugling hinter jener Gröfse zurückbleibt, von der wir annehmen müssen, dafs sie beim Wiederansatz des etwa im Hunger zugrunde gegangenen Organs als N-Ansatz gefunden werden mufs.

Zu der Anschauung, dafs das Wachstumsgesetz in erster Linie die Gröfse des Ansatzes bedingt und Nahrungszufuhr, wenn sie auch gewisse Grenzen überschreitet, keinen Einflufs auf das Wachstum übt, hat Hensen einen sehr interessanten Beitrag geliefert.

Von drei Weibchen eines Hundewurfs ließ er eines belegen, die beiden andern nicht, das erstere wuchs wie die andern weiter und ernährte noch nebenbei einen Embryo, der schließlich 164 g wog. Trotz reichlicherer Kost ist das belegte Tier nicht anders gewachsen, sondern hat den Nahrungsüberschuß einfach an den Embryo abgegeben. (Hermanns Handb. f. Phys., Bd. VIa, S. 260.)

Das energetische Grundgesetz des Wachstums bei Säugetieren.

Mit dem Wachstum beginnt in der Zelle der Zellkern seine besondere äußerlich wahrnehmbare Tätigkeit, es hebt neues Leben an, alle wesentlichen Bestandteile der Zelle mehren sich über die individuelle Grenze hinaus, ein neuer Organismus ist das Produkt.

Es drängt sich uns beim Anblick dieser Veränderungen unwillkürlich und zwingend der Gedanke auf, daß damit auch im ganzen Stoffwechsel eine Umwälzung eingetreten sein muß, denn man wird eben dem lebhafteren Kern eine wesentliche Beteiligung an der Ernährung zuzuschreiben geneigt sein. Freilich ist diese Schlußfolgerung vielleicht nicht so zwingend als sie aussieht, denn wir wissen, daß der Kern auch ohne seinen Wachstumsakt nicht völlig untätig bleibt, somit ist die morphologische Änderung möglicherweise überhaupt nur eine Modifikation seiner sonst im Stoffwechsel anderweit betätigten Mithilfe.

Diese fundamentale Frage kann nur durch das direkte Experiment entschieden werden. In erster Linie kann man erwägen, ob nicht die jugendliche Zelle, auch wenn sie nicht wächst, an und für sich einen lebhafteren Stoffwechsel hat als die ausgewachsene. Dies ist zu verneinen, es ist durch meine Untersuchungen über den Einfluß der relativen Oberfläche bei Tieren und beim Menschen sichergestellt, daß der jugendliche Organismus nur deshalb pro Kilogramm mehr Nahrung vertilgt und notwendig hat, weil er eben klein ist. (Zeitschr. f. Biol., Bd. XXI, S. 390.)

Diese Beobachtungen sind später durch eingehendere Experimente absolut sichergestellt worden. Ferner habe ich bewiesen, daſs auch während des Wachstumsaktes selbst und in der Periode des raschesten Wachstums keinerlei Steigerung des Kraftwechsels anzunehmen ist, die über die Gröſse jener Vermehrung der Nahrungsaufnahme, die zur Deckung des Wachstums erforderlich ist, hinausgeht (s. vorstehende Arbeit S. 100). Aus andern Untersuchungen, die demnächst publiziert werden, kann ich mitteilen, daſs es sich auch bei Einzelligen ebenso verhält und keine nennenswerte spezifische Steigerung der Wärmeproduktion beim Wachstum zu beobachten ist.

Diese Tatsachen zwingen uns also zur Annahme, daſs die sichtbaren Veränderungen bei dem Wachstum zwar die Bildung neuer Massen vor Augen führen, aber nicht den Ausdruck einer allgemeinen Mehrung des Kraftwechsels darstellen. Die morphologischen Veränderungen entsprechen eben hauptsächlich dem Chemismus des Stoffaufbaues, Prozessen, die der Synthese jedenfalls mit mehr Recht zugehören als den destruierenden Prozessen des Kraftwechsels.

Durch diese Klärung des Wachstumsstoffwechsels werden die weiteren Betrachtungen, auf die es hier ankommt, erst ermöglicht.

Vom teleologischen Standpunkte aus muſs es befremdend erscheinen, daſs die Aufwuchszeiten so sehr verschieden sind; drückt sich darin ein sehr verschiedener Aufwand an Ernährungsmaterial für den gleichen Ansatz aus und wie groſs sind die Differenzen?

Um aber diese Ungleichheiten einigermaſsen zu verstehen, muſs ich nunmehr versuchen, durch eine vielleicht umständlich erscheinende Rechnung einen Schritt vorwärts zu kommen.

Nach den Zahlen über die Wachstumszeiten, die zur Verdopplung des Gewichtes führen, muſs es in hohem Grade als wahrscheinlich erscheinen, daſs die Natur zur Ausbildung des Körpers verschiedener Säuger einer verschiedenen Energiemenge bedarf, man könnte sich ja hierfür eine Reihe von Gründen, die derartiges mehr oder minder wahrscheinlich machen, denken.

Vielleicht ist es aber rationeller, sich mit den Gedanken über die Ungleichheiten später zu beschäftigen, wenn das Resultat meiner Untersuchung vorliegt.

Dieselbe stellt sich als Ziel die Feststellung des Nahrungsaufwandes, der zur Ernährung des Tieres gemacht werden muſs, bis es seine Gewichtsverdoppelung erreicht hat.

Ich gehe zur Berechnung des Kraftwechsels, als der einfachsten Darstellung der Ernährungsverhältnisse über und suche festzustellen: 1. wie viel in Minimo an Kalorien notwendig sind, um die Tiere während der Periode, während welcher sie ihr Gewicht verdoppeln, zu erhalten; 2. wie viel Kalorien der Anwuchs bedeutet.

Beide Gröſsen 1 + 2 ergeben die gesamte Kraftsumme, die zur Verdopplung notwendig war und 1 + 2 im Verhältnis zu 2, d. h. Gesamtkraftsumme zu Ansatz gibt den Nutzeffekt des aufgenommenen Nährmaterials mit Rücksicht auf den Anwuchs. Die Ausführung dieses Planes ist mit den allergröſsten Schwierigkeiten verbunden.

Am einfachsten läſst sich noch für den Anwuchs eine Zahl finden, nach den oben gegebenen Auseinandersetzungen berechne ich pro Kilogramm Tier einen Kalorienwert von 1722.

Auf einen ähnlichen Wert komme ich auch auf Grund anderer Erfahrungen an Tieren. Es wäre aber für die Zukunft sehr erwünscht, wenn man von diesen frühen Stadien der Entwicklung ein reicheres Material zur Beurteilung des Körperzustandes zugrunde legen oder etwaige Besonderheiten einzelner Spezies in Erfahrung bringen könnte.

Vielleicht aber finden sich gerade in diesem früheren Stadium der Entwicklung noch die günstigsten Voraussetzungen für gleichartige Körperverhältnisse!

Vorläufig läſst sich nichts Besseres an diese Stelle setzen, und ich nehme an, der Anwuchs gesunder Tiere komme dieser Zahl nahe.

Schwieriger ist der Kraftwechsel zu schätzen, denn Stoffwechselversuche in so frühen Stadien, wie sie hier in Frage

kommen, existieren aufser beim Menschen und Meerschweinchen [1])
so gut wie überhaupt nicht. Hier findet sich aber ein sicherer
Ausweg durch das Oberflächengesetz. Ich habe durch
Experimente, die bis in die letzten Jahre noch ergänzt wurden,
bewiesen, dafs dieses letztere gilt für den Erwachsenen bis zum
Neugebornen, bei den verschiedenen Tierspezies vom Menschen
bis herab zur Maus, und neuerdings haben andere Beobachter
noch Beispiele gebracht von Säugern und Vögeln, die sich dem
Gesetz angepafst zeigen.

Es ist das durchgreifendste Organisationsprinzip der Tiere, das
wir besitzen, das aber, wie alle ähnlichen Dinge, einer verständigen
Anwendung bedarf, worauf ich schon näher hingewiesen habe.
(Gesetze des Energieverbrauches, S. 278.[2])

Jedenfalls lassen sich für jede Spezies bestimmte Zahlen der
Kalorienproduktion pro 1 qm Oberfläche aufstellen, welche für
den bestimmten physiologischen Zustand (Ruhe, Temperatur,
Ernährung usw.) Konstanten sind. Sie haben den aufserordent-
lichen Vorteil, dafs sie zu fest fundierten Mittelwerten werden
können, wodurch einer rechnerischen Verwertung derselben eine
höhere Bedeutung als irgendeiner Einzelbeobachtung zukommt.

Im Oberflächengesetz, dessen Anwendbarkeit, wie ich nochmals betone, für die Säuglingszeit beim Menschen und die Jugendzeit bei einigen Tieren erwiesen ist, habe ich also das Mittel,
den für eine beliebige Körpergröfse gefundenen Stoffwechsel auf
andre Körpergröfsen zu übertragen.

---

1) Siehe Rubner, Biol. Gesetze. Marburg 1887.

2) Es ist mir völlig unverständlich, dafs einzelne Autoren wie Hanriot
und Richet immer wieder die erheblichsten Widersprüche zum Oberflächen-
gesetze publizieren. Wenn man auch zugeben mufs, dafs ihre Methode, blofs
die CO_2-Ausscheidung als Mafs des Stoffwechsels zu benutzen, an sich un-
haltbar ist, so können sich hieraus die abweichenden Zahlen nicht erklären.
Der Grund kann nur darin liegen, dafs die einzelnen Tiere unter absolut
unvergleichbaren Temperatur- und Ernährungsbedingungen beobachtet wurden,
oder dafs auch ungleiche Bewegungszustände, kurze Beobachtungsdauer und
ähnliches mitgewirkt haben.

Die Konstanten gelten für etwa 15° Lufttemperatur, absoluter Ruhe des Tieres, Erhaltungsdiät und sind als Wärmeproduktion in Kalorien (Reinkalorien) ausgedrückt. Bei Pflanzenfressern ist die grofse Kotmasse, die sie stets mit sich führen, vom Körpergewicht bei der Berechnung abgezogen.

Einige dieser Zahlen habe ich schon in den Gesetzen des Energieverbrauchs, S. 282 nach kritischer Sichtung mitgeteilt, sie lauten:

Spezies	Kal. pro 1 qm Oberfl.
Schwein	1078
Mensch	1042
Hund	1039
Kaninchen	917
Maus	1188
Meerschweinchen	1246.

Vorausgesetzt ist weiter ein normaler Körperzustand, Tiere, die durch Hunger abgemagert sind, zeigen etwas davon abweichende Zahlen.

Nun fehlen mir für die weitere Berechnung noch Angaben über Pferd, Rind, Katze.

Man sollte denken, dafs wenigstens für die ersten beiden es nicht an Messungen fehlen sollte, leider sind aber die experimentellen Unterlagen nicht gerade umfangreich. Ich nehme als Konstante an

	Kal. pro 1 qm
Katze	1039
Pferd	1085
Rind	1085.

Die Erwägungen, die mich zur Wahl dieser Werte leiten, mufs ich noch im speziellen darlegen.

Für die Beurteilung des Stoffwechsels der Pferde stehen nur die von Zuntz und Hagemann mittels der Sauerstoffbestimmung ausgeführten Versuche gefütterter Tiere erhaltenen Werte zur Verfügung, bei denen versucht wurde, auch die Verdauungsarbeit zu schätzen. Die durch letztere bedingten Abzüge können, wie E. Voit ganz richtig bemerkt, den Kraftwechsel der Tiere kleiner erscheinen lassen als er ist, da ja durch das, was Zuntz und Hagemann Verdauungsarbeit nennen, zweifellos eine Einsparung an Stoffverbrauch eintritt, der sonst anderweitig gedeckt werden müsse. Im Mittel kann man nur sagen pro 1 qm Oberfläche muß mehr an Wärme bei Erhaltungsdiät bzw. im Hunger kommen als 948 Kal. pro 24 Stunden. (E. Voit, Biol. XLI, S. 117.) Wählt man nun die Werte, welche die geringste Korrektur für die Verdauungsarbeit erfordern, als die sichersten, so erhält man 1224 Kal. pro 1 qm in 24 Stunden.

Annäherungswerte kann man aus Reiset Respirationsversuchen für das Schaf, für das Kalb und Schwein ableiten.

Bei einem 68 kg schweren Schaf, das Tags vorher gefüttert war, gibt Reiset im Mittel 0,477 g O pro kg und Stunde = 778,4 g für den Tag und für 68 kg (1 g O = 3,3 Kal. geschätzt) erhält man 2569 Kal. Nach meiner Konstante für die Oberfläche hat das Tier von 68 kg 20670 qcm, also pro qm 1241 Kal.

Für ein Kalb, das seit 5 Monaten auf der Weide war, findet Reiset 0,533 g O-Verbrauch pro 1 kg und 24 Stunden, für 62 kg Lebendgewicht berechne ich 2617 Kal. Tagesproduktion. Das Tier hatte etwa 16200 qcm Oberfläche = 1615 Kal. pro 1 qm.

Ein Schwein, reichlich mit Rüben gefüttert, lieferte 0,469 g O-Verbrauch pro kg und Tag = 858 g O-Verbrauch pro 77 kg und Tag.

Vorausgesetzt, daß es sich um ein fettes Tier handelte, würde die Oberfläche = 15740 und die Zahl der Kal. pro 1 qm 1792 pro Tag.

Für das Schwein existieren genaue Versuche von Meisl (Biol. XXII, S. 106), aus denen pro 1 qm 1075 Kal. sich ergeben. Die Reisetschen Versuche sind zu hoch, entweder wegen der Unruhe der Tiere in seinen kurzen Versuchen, oder weil eben die Fütterung eine sehr reiche war.

Ich bin daher der Meinung, man wird keinen nennenswerten Fehler machen, wenn man für Pferd und Rind überhaupt das Gesamtmittel aus allen genauer bekannten Zahlen über die Wärmebildung pro qm nimmt (Schwein, Mensch, Hund, Kaninchen, Maus) = 1085, davon würde auch das Mittel meiner Untersuchungen an den Pflanzenfressern (Kaninchen, Maus, Meerschweinchen) 1178 Kal. pro 1 qm nur wenig abweichen.

Ich halte mich berechtigt, für das Pferd und Rind den Mittelwert 1085 Kal. pro qm in Rechnung zu stellen.

Für die Katze endlich kann man einen Annäherungswert bei Bidder und Schmidt (Die Verdauungssäfte und der Stoffwechsel 1852, S. 313) finden.

Die für die damalige Zeit mustergültigen Versuche leiden nur an dem Übelstand, daß das in Inanition befindliche Tier zu gleicher Zeit zur Feststellung der Gallemengen diente, wodurch die Ergebnisse einer Stoffwechselberechnung unsicher werden und zu kleine Werte geben.

Bei dem 2,2 kg schweren Tier würde ich als Minimalwert 61,8 Kal. pro 1 kg und 24 Stdn. rechnen, was rund 900 Kal. pro 1 qm schätzungsweise gleichkäme.

Richtiger ist es, statt dieses zu kleinen Wertes das Mittel für den Hund = 1039 Kal. pro 1 qm zu grunde zu legen, da nicht anzunehmen ist, daſs die Katze als Fleischfresser irgendeine Abweichung vom Hund in der Wärmebildung zeigen dürfte.

Wir haben somit genügend Anhaltspunkte für die weiteren rechnerischen Analysen der Wachstumsverhältnisse, denn es läſst sich jetzt angeben, wie groſs die Wärmeproduktion der Tiere ist, wenn sie neugeboren in die Welt treten.

Sind die Voraussetzungen gegeben, daſs die Tiere als ruhend zu betrachten sind, und werden seitens der Temperatur der Umgebung keine Ungleichheiten zu erwarten sein?

Bei dieser Frage des Wachstums der neugebornen Organismen muſs man allerdings in Erwägung ziehen, daſs biologisch die Neugebornen von sehr verschiedener Beschaffenheit sind. Ein junges Kalb ist so entwickelt, daſs es wenige Augenblicke nach der Geburt bereits selbständig ist und läuft, der Hund wird als hilfloses Wesen mit nackter Haut und geschlossenen Augen geboren. Ähnlich wie bei letzterem steht es bei Katzen, Mäusen usw. Zum Teil sind diese Jungen noch gar nicht in der Lage, sich gegen die Witterungseinflüsse durch genügende Wärmeregulation zu schützen, sie bedürfen der mütterlichen Wärme, um am Leben zu bleiben.

Im allgemeinen ist anzunehmen, daſs die kleinen Wesen durch die Mutter selbst oder die Wärmehaltung eines Nestes gegen besondere Abkühlung geschützt sind, sie bedürfen ja der Wärme, um durch Entlastung der Wärmeregulation den günstigsten Effekt durch die Nahrung zu erzielen.

Man kann sicher sein, die »Natur« arbeitet in dieser Hinsicht besser als mancher Experimentator.

Das ungleiche Bewegungsmoment möchte ich in der ersten Lebenszeit nicht allzuhoch einschätzen. Gutes Wachstum und viel Muskelleistung arbeiten sich nicht in die Hände. Zur Zeit des lebhaftesten Ansatzes müssen alle Tiere der Ruhe pflegen, und so ist es also auch wenigstens in der ersten Zeit mit der Bewegung der Kälber nicht weit her.

Die energetischen Werte für die Oberfläche sind Zahlen für den Hungerzustand, wenn aber die Tiere wachsen sollen, müssen sie mehr Nahrung erhalten, um ihren Ansatz decken zu können. Daraus folgert aber ein Mehrverbrauch von Energie (spezifisch-dynamische Wirkung) durch Wärmebildung.

Denn sie leben, wie man annimmt, mit überschüssiger Kost. Wenn man allerdings den Menschen betrachtet, so ist, wie ich oben zeigte, diese überschüssige Wärmebildung keineswegs groſs. Aber der Säuglingsstoffwechsel mahnt hinsichtlich seiner Verallgemeinerung zur Vorsicht. Die Gröſse der durch überschüssige Kost erzeugten Steigerung der Wärmebildung läſst sich berechnen. Sie kommt als solche nur dort ganz zur Geltung, wo es sich um Organismen handelt, die in warmer Umgebung gehalten werden, oder sonstwie vor Wärmeverlust sehr geschützt sind (Kleidung beim Kind).

Durch die Steigerung der Wärmebildung durch reiche Nahrungszufuhr sind übrigens die Neugebornen befähigt, sogar einer gewissen Steigerung des Wärmeverlustes durch kühle Umgebung erfolgreich und ohne Mehrung ihres Stoffwechsels sich zu akkommodieren. Denn wenn wir bei überschüssiger Nahrung und dadurch vermehrter Wärmeerzeugung die Lufttemperaturen mindern, so tritt keine Änderung der Wärmeproduktion auf (keine chemische Wärmeregulation), wie sie sich bei Tieren findet, die nur Erhaltungsdiät bekommen.

Insoweit ich also die durch Nahrungszufuhr erzeugte Mehrbildung von Wärme berechne (spezifisch-dynamische Wirkung), glaube ich annehmen zu dürfen, daſs dieser Wert den Umsatz bei den Tieren eher etwas zu hoch erscheinen läſst. Da es sich aber immerhin dabei nur um Fehler von ein Paar Prozenten handeln kann und der Vergleich der Tiere untereinander nicht gestört wird, halte ich es für richtiger, diese Korrektion einzuführen, als sie wegzulassen.

Die Berechnung der notwendigen Nahrungszufuhr an Reinkalorien gestaltet sich dann folgendermaſsen:

Die Nahrungsmenge (x) muſs so groſs sein, daſs sie das Körperwachstum (Verdopplung) erlaubt (a), auſserdem muſs das Tier während der Verdopplungsperiode erhalten werden, hierzu reicht hin, der Erhaltungsbedarf (e) vermehrt um jene Gröfse der Wärmebildung, die durch die Einführung der Nahrung mehr entstanden ist und den Erhaltungsbedarf überschreitet. Diese letztere (spezifisch-dynamische Wirkung) läfst sich berechnen, wenn man das Mittel der spezifisch-dynamischen Wirkung der Nahrungsstoffe (Eiweifs $\times$ 0,309, Fett $\times$ 0,127, Zucker $\times$ 0,058. G. d. E.-V. V. S. 410) nach der prozentualen Zusammensetzung der Kost berechnet ($= k$) und mit der Nahrungsmenge multipliziert. Es wird dann $\qquad x = e + kx + a.$

Davon $e\ k\ a$ bekannt, also

$$x - kx = e + a$$

und $x - kx$ ist die reziproke Zahl der spezifisch-dynamischen Wirkung.

Für die Konstante k ergeben sich die Werte aus der Zusammensetzung der Nahrung, d. h. der Milch. Die Zusammensetzung der Milch habe ich wie folgt zusammengestellt[1]):

In 100 Teilen (g) sind:

	Eiweifs	Fett	Zucker	Kal.[2]) des Bruttowertes				Physiol. Nutzeff.i.Kal.	% d. Kal. d. Bruttowertes		
				Eiweifs	Fett	Zucker	Summa		Eiweifs	Fett	Zucker
Pferd	2,33	1,14	6,1	13,3	10,6	23,8	47,9	43,1	28,2	22,1	49,7
Rind (nach König Bd. I, S. 153)	3,41	3,8	4,9	19,4	35,3	19,1	73,8	66,4	26,3	47,8	25,9
Schaf	4,7	9,4	5,1	26,1	87,4	19,9	133,4	120,1	19,5	65,6	14,9
Mensch . . .	1,5	3,5	6,6	8,7	32,9	25,7	67,3	61,7	12,9	48,8	38,3
Schwein . . .	5,4	8,6	3,0	26,8	80,0	11,7	118,4	106,5	22,6	67,6	9,8
Hund	7,5	11,5	3,3	42,7	106,9	13,9	163,4	147,1	26,1	65,4	8,4
Katze	7,0	4,7	4,8	39,9	43,7	18,7	102,3	92,1	39,0	42,7	8,3
Kaninchen . .	10,4	7,8	3,5	59,3	72,5	13,6	145,5	131,0	40,7	50,2	9,1
Meerschweinchen	4,7	7,4	2,3	26,8	68,8	9,0	104,6	94,1	25,6	65,8	8,6

Für Eiweifs wurden 5,7, Fett 9,3, Milchzucker 3,9 Kal. gerechnet; die Zusammensetzung der Frauenmilch ist nach meinen

1) Ein Teil der Analysen nach Pröscher und Abderhalden.

2) Bruttowert = das Eiweifs ist in seinem vollen Verbrennungswert angegeben.

Untersuchungen angegeben, ebenso deren physiologischer Nutzeffekt; für die übrigen Milchen habe ich in Analogie zur Kuhmilch
90% der Kalorien als physiologischen Nutzeffekt angenommen.

Für die Stutenmilch findet sich angegeben 2,33 Eiw., 1,14 Fett,
6,1 Zucker. Dies entspricht den bei K ö n i g, Nahrungs- u. Genufs-
mittel, IV. Aufl., Bd. 1, S. 276 aufgeführten Werten fast genau.

Schafmilch: 4,7 Eiw., 9,4 Fett, 5,1 Zucker; bei König
a. a. O. S. 268;

im Gesamtmittel 5,15 Eiw., 6,18 Fett, 4,17 Zucker;

Schweinemilch: 4,8 Eiw., 10,7 Fett, 3,6 Zucker (Mittelwerte).
Bei K ö n i g werden nur Analysen aus den Jahren 1856 bis 1866
angeführt, die nicht wohl ganz einwandsfrei sind. Ich nehme im
Mittel nach B u n g e 5,4 Eiw., 8,6 Fett, 3,0 Zucker. [1]

Hundemilch . . . . 8,3 Eiw.,   10,6 Fett,   3,1 Zucker

anderer Hund . . . 7,3 »   12,2 »   3,2 »

                    7,3 »   11,6 »   3,1 »

nach A b d e r h a l d e n . 7,2 »   11,5 »   3,4 »

Mittel: 7,5 Eiw.,   11,5 Fett,   3,3 Zucker.

Das Material bei K ö n i g rührt auch nur von älteren Analysen her und gibt im Gesamtmittel etwa ähnliche Zahlen.

Katzenmilch: 7 Eiw., 4,75 Fett, 4,8 Zucker. Anderes brauch-
bares Material fehlt.

Kaninchenmilch: 10,4 Eiw., 7,8 Fett, 3,5 Zucker. Weiteres
Material ist sicherlich unzuverlässig.

Meerschweinchenmilch ist von A b d e r h a l d e n analysiert, die
Tiere erhielten neben Milch auch Kohl, daher nicht verwendbar
für die vorliegende Frage.

Der physiologische Nutzeffekt wird im wesentlichen bedingt
durch den Gehalt an Eiweifsstoffen und durch die Ausnutzung
der Milch. Man kann von vornherein beim säugenden Tiere
noch einen tadellosen Darm von hoher Leistungsfähigkeit voraussetzen. Eingehendere Angaben über die Ausnutzung besitzen
wir aufser für den Säugling nur für das Saugkalb.

[1] Eine grofse Reihe hierher gehöriger Analysen ist ausgeführt von
Pröscher, J. f. phys. Chemie XXIV, S. 285 und A b d e r h a l d e n, daselbst
XXVI S. 487 und XXVII, S. 430.

Über die Ausnutzung der Milch liegen bei Soxhlet (Untersuchungen über den Stoffwechsel des Saugkalbes, Wien 1878, S. 22) genauere Angaben vor, nach welchen die Verdauungsfähigkeit der Milch eine erstaunlich grofse ist. Von 100 Teilen werden beim Saugkalb im Kot verloren: von der Trockensubstanz 2,3 %, vom N 5,6 %, vom Fett 0,2 %, von der Asche 2,6 %, und zwar wird dies Resultat erzielt, obschon die Tiere sehr reichlich, d. h. mehr Nahrung als zur blofsen Erhaltungsdiät notwendig ist, aufnehmen (s. die vorige Abhandlung S. 114).

Da ich bei den Tieren von dem mittleren physiologischen Nutzwert ausging, so ist die Berechnung des N-Verlustes mit dem Kote gewissermafsen schon in dieser Annahme inbegriffen. Insoweit also die Ausnutzung auf den physiologischen Nutzwert von Einflufs ist, geben die oben angeführten Zahlen einen zutreffenden Überblick, dagegen erfordern sie noch eine Korrektur wegen des ungleichen Gehalts an Eiweifsstoffen. Eine solche Berechnung unterliegt keinen weiteren Schwierigkeiten.

Für Menschenmilch habe ich 8,3 % Spannkraftverlust festgestellt, für Kuhmilch 10 %. Insoweit andere Milchen im Eiweifsgehalt höher stehen als die Kuhmilch, kommt auf 1 Teil N mehr 7,71 Kal. in Abzug, da dies dem Kaloriengehalt des Milchharnes entspricht. Für die Pferdemilch, welche etwas weniger Eiweifs enthält als die Kuhmilch, habe es ich mit Rücksicht auf die Bildung der Hippursäure bei der Annahme eines nur der Kuhmilch gleichstehenden Nutzeffektes gelassen. Die Tabelle S. 153 enthält die unnkorrigierten Werte; nachstehend sind die genaueren Zahlen des Nutzeffektes pro 100 g Milch angeführt:

Pferd	. 43,1 Kal.	Hund	. 142,1 Kal.
Rind	. 66,4 »	Katze	. 87,7 »
Schaf	. 118,6 »	Kaninchen .	. 137,0 »
Mensch	61,7 »	Meerschweinchen	92,6 »
Schwein	104,1 »		

Die Korrekturen sind also nur bei der Kaninchenmilch gröfsere Beträge, sonst kommen sie nicht sehr in Frage. Der

Nutzeffekt gilt nur für den Fall der Verbrennung der Milch für dynamische Zwecke. Im Milchkot des Menschen werden beim Erwachsenen 7,7% des N und 5,01% der verbrennlichen Substanz verloren.

Wenn man sich den chemischen Aufbau der Milch mit Bezug auf die ernährungsphysiologische Bedeutung betrachtet, so kann man sagen, daß die Natur mit dem Bedürfnis des lebhafteren Wachstums auch eine etwas eiweifsreichere Milch liefert (s. auch S. 153 u. S. 143). Dies ersieht man aus dem Vergleich der Zahlen der Milchen für Pferd, Rind, Schaf, Schwein, Hund, Kaninchen, Katze einerseits und der Muttermilch anderseits. Der Mensch, bestimmt langsam zu wachsen, hat auch die eiweifsärmste Milch unter den nahestehenden Säugern.

Die Kohlehydrate (Zucker) nehmen in der Milch rasch wachsender Tiere eine sehr beschränkte Stelle ein, ein Beweis, daß die aus anderweitigen Beobachtungen abgeleitete Vorstellung, es sei für die Eiweifsspannung durch N-freie Stoffe kein starkes Überwiegen der Kohlehydrate nötig, richtig ist.

Über einen Gehalt von mehr als 46% der Gesamtkalorien an Eiweifs (die totale Verbrennungswärme des Eiweifses berechnet) geht keine der bisher beobachteten Tiermilchen hinaus. Es wäre aber in hohem Maße interessant, bei den kleinsten Säugern die Milchen kennen zu lernen.

Im Laufe der Laktationsperioden ändert sich, wie man weifs, die Milch langsam, im allgemeinen befriedigt der jugendliche Organismus seine verschiedenen Ansprüche an das Nahrungsbedürfnis hauptsächlich durch die Variation der Menge der Milch, denn die Schwankungen der Masse des Körpers sind rascher als die Relationsänderungen in den einzelnen Bestandteilen der Milch.

Es ist nunmehr notwendig, festzustellen, wie sich die Reinkalorien in der zugeführten Nahrung auf die einzelnen Stoffe verteilen, da diese Werte dann eine zutreffende Vorstellung von den Quellen der Wärme beim Umsatz der Stoffe im Organismus geben. Die Werte für Fette und Kohlehydrate lassen sich ohne weiteres aus der oben angegebenen Tabelle (S. 153) entnehmen,

dagegen ist der dortige Bruttowert des Eiweifses in den Reinwert umzurechnen.

Den Verbrennungswert von 1 g Eiweifsstoff in der Milch
kann man wie folgt annehmen:

100 g Eiweifs der Milch (= 15,6 g N) = 570,0 kg-Kal.

N im Harn 15,21 × 7,71 Kal. = 117,3

2,5 % des N im Kot verloren, Kotsubstanz wie

im Fleisch = 16,8 Kal. . . . . . $= \underline{134,1}$

also $\overline{436,9}$

1 g Eiweifs rund 4,4 kg·Kal.

Das ist derselbe Wert, den ich schon Biol. XXI, S. 391
durch Schätzung aufgestellt habe, und von welchem bewiesen
ist (Biol. XXXVI, S. 55), dafs er mit dem direkten Verbrennungswert der Milch übereinstimmt.

Da man gewöhnlich die bei der Zerstörung der Nahrungsstoffe auftretende W ä r m e im Körper nach ihrer Herkunft aus
den Quellen der einzelnen Nährstoffe in Kalorien bezeichnet,
so füge ich diese Zusammenstellung noch bei:

Nahrung Milch	Von 100 Reinkalorien der Wärmeerzeugung stammen aus			
	Eiweifs	Fett	Zucker	k
beim Pferd	22,0	23,8	53,3	13,7
, Rind	21,6	50,9	28,5	14,9
, Schaf	16,2	68,3	15,5	14,5
, Mensch . . .	10,1	50,0	39,9	12,6
, Schwein . . .	20,6	69,3	15,1	14,1
, Hund	21,5	63,0	15,5	15,5
, Katze	30,8	46,9	20,1	16,3
, Kaninchen . .	34,7	58,9	10,4	18,8
, Meerschweinchen	21,0	69,8	19,2	

Aus diesen Zahlen ist die Konstante k abgeleitet.

Nunmehr läfst sich der Wert x auffinden.

Gehen wir an die Rechnung, so ist zu bedenken, dafs
1 kg Neugeborenes, das durch die Ernährung auf 2 kg gebracht wird, einen Stoffumsatz bestreiten mufs, der $\dfrac{1 + 2}{2} =$

1,5 kg Körpermasse im Mittel entspricht, die Tabelle enthält die entsprechenden Werte des Kalorienumsatzes (Reinkalorien) aufgeführt. Für 1 kg Anwuchs ist nach eigenen Versuchen 1722 Kal. angesetzt, wenn man den gesamten Verbrennungswert dieser Leibessubstanz berechnen will, rechnet man die Leibessubstanz aber, zwecks unserer Aufgabe als analoge Werte, zum Kalorienumsatz, so hat man nur 1504 Kal. in Anrechnung zu bringen. (Dabei ist bei Eiweifs die Menge in Reinkalorien angenommen.)

Die Erhaltungsdiät bis zur Verdopplung des Gewichts entspricht dem Kalorienwert für 1 kg × Wachstumstage. Dazu gerechnet den Ansatz, gibt die aufgewendete Energie, wobei aber die Erhaltungsdiät in Reinkalorien, der Ansatz in Bruttokalorien berechnet ist (Stab 9). Die Tabelle dürfte also wohl verständlich sein.

	Verdoppel. Zeit in Tag.	Neugeb. wiegt in kg	Kalor.-Umsatz pro Tag [3]	Kal. pro 1 kg	Kal. pro 1,5 kg	Kal.-Ums. pro 1,5 kg [1] bis zur Verdoppelung auf 2 kg	Ansatz [2]	Umsatz u. Ansatz
Pferd	60	50	1328	26,56	39,84	2390,4	1722	4112,4
Rind	47	35	1046,8	29,88	44,88	2106,5	»	3828,5
Schaf	15	4	331,8	82,75	124,12	1861,8	»	3583,8
Mensch	180	3	266,8	88,9	133,4	24012	»	25734,0
Schwein . . .	14	1,5	122,9	81,93	122,89	1720,5	»	3442,5
Hund	8	0,28	49,8	177,8	266,7	2133,6	»	3855,6
Katze	9	0,117	27,7	237,6	356,4	2307,6	»	4029,6
Kaninchen . .	6	0,060	17,4	290,0	435,0	2610,0	»	4332,0
Meerschweinchen	?	0,050	14,3	286,0	429,0	—	»	—

In den späteren Tabellen ist auch der Ansatz in Reinkalorien aufgeführt, was nicht übersehen werden darf. Die Konstante k ist ja aus den Reinkalorien abgeleitet, ich mufs daher als Grundlage für die Rechnung natürlich von ein-

---

[1] Reinkalorien.

[2] Bruttokalorien. Totale Energiewerte (Eiweifs vollwertig berechnet).

[3] Abgeleitet aus der Körpergröfse bei der Geburt.

heitlichen Voraussetzungen ausgehen und habe daher in nach-
stehender Tabelle »Umsatz und Ansatz« (1504) in diesen Gröfsen
ausgedrückt.

	Umsatz und Ansatz in Reinkalorien ausgedr.	Gesamtsumme der Rein- kalorien zur Ver- dopplung, inkl. spez.- dyn. Wirkung
Pferd . . .	3894,4	4512
Rind	3610,5	4243
Schaf	3365,8	3936
Mensch . . .	25516,0	28864
Schwein . . .	3224,5	3754
Hund	3637,6	4304
Katze	3711,6	4554
Kaninchen . .	4114,0	5066

Berechne ich nunmehr mittels k die Menge der Reinkalorien, welche bei den einzelnen Tieren bis zur Verdopplung an-
gewandt werden mufsten, so erhalte ich die oben aufgeführten
Zahlen.

Mufs ein Tier auf diesen Bestand durch die Nahrung gebracht werden, so ist ein weiteres Plus an Energie notwendig,
weil die Nahrung eben nicht nur »Reinkalorien« enthält, sondern
durch die Verdauung und Spaltung der Stoffe etwas Verlust
entsteht, — wieviel, das ist bei jedem Nahrungsmittel verschieden, ich habe diese Gröfsen des Verlustes bestimmt und heifse
das Nutzbare den physiologischen Nutzeffekt. Will man wissen,
wie grofs also die Summe des Verbrauchswertes ist, den überhaupt die eingeführte Milch zu liefern hat, so ergibt sich diese

$$\text{Gröfse} = \frac{\text{Gesamtsumme der Reinkalorien}}{\% \text{ Nutzeffekt der Milch}} \times 100.$$

Ich komme darauf zurück.

Ich bin mir wohl bewufst, hiermit noch keine ganz genauen
Zahlen bringen zu können, denn die Feststellungen der Wachstumszeiten sind noch etwas ungenau, aber die Zahlen der
Tabelle haben den Wert, dafs deren Unterlagen ganz unabhängig von allen Theorien, von verschiedenen Beobachtern festgestellt sind. Man betrachte die letzte Spalte; auf sie konzen-

triert sich das Hauptinteresse; denn sie soll Auskunft erteilen, mit welch verschiedenem Aufwand an Energie (Kal.) die verschiedenen Organismen sich aufbauen. Man wird die Zahlen nicht ohne einige Überraschung sehen, weil man mit einer einzigen Ausnahme überhaupt keine Unterschiede sieht. Das Resultat lautet:

> Die zur Verdoppelung eines Tieres aufgewendete Kräftesumme (Kal.) ist mit Ausnahme des Menschen bei den verschiedenen Tierspezies, ob sie schnell wachsen oder lange zur Verdopplung brauchen, dieselbe; man kann dies also das Gesetz des konstanten Energieaufwandes heißen.

Nennen wir den Kalorienumsatz, der durch Zersetzung des Nahrungsstoffs während der Wachstumszeit entsteht $= U$, das Wachstum W, so lautet also das dynamische Wachstumsgesetz für die untersuchten Säugetiere:

$$U + W = \text{konstant.}$$

Dabei ist $U = e$ (Kalorienverbrauch zur Wärmebildung pro Tag) $\times Z =$ der Wachstumszeit, ausgedrückt in Tagen; also

$$e \times Z + W = \text{konstant.}$$

Das Ergebnis ist in hohem Maße interessant. Die lebende Substanz verbraucht zu gleichen biologischen Leistungen im Wachstum dieselben Energiesummen — nur der Mensch nimmt eine Ausnahmestellung ein.

Zur Bildung von 1 kg Tiergewicht wurden rund 4808 Kal. in der ersten Säuglingsperiode verbraucht, bei dem Menschen gerade sechsmal soviel.

Bei dem langsam wachsenden Pferd und dem Kalb findet keinerlei »Verschwendung« von Energie statt, sondern eine völlig gleiche Ausbeutung wie bei den kleinen Lebewesen, der Katze und dem Kaninchen, Organismen, die zur Zeit ihrer Geburt um das Tausendfache in ihrem Körpergewicht verschieden sind.

Der Anwuchs auf natürlichem Wege kostet also
bei allen Tieren genau das Gleiche. Die Natur arbeitet bei den verschiedenen Spezies der Tiere nach
einem ökonomischen Prinzip, wie wir deren viele
kennen, z. B. das Gesetz der isodynamen Vertretung
der Nahrungsstoffe, die Ausnutzung der im Stoffwechsel erzeugten Wärme bei der chemischen Wärmeregulation usw.

Mögen sich später einmal, wenn das ganze Gebiet der
Tierernährung, das ich hier berührte, genauer durchgearbeitet
sein wird, auch konstante kleinere Differenzen zwischen einzelnen
Spezies ergeben, das Wesentliche des Bildes wird nicht verändert werden.

Man möge eben bei diesen Zahlen stets beachten, daß sie
Mittelwerte sind, welche die ganze Periode der ersten Verdopplung umfassen. Darin liegt schon ausgesprochen, daß Einzelbeobachtungen, die sich auf einzelne Teile dieser Periode erstrecken, abweichende Verhältnisse zeigen können und, wenn
wir Beginn oder Ende der Periode in Betracht zögen, zeigen
müßten.

Es ist im höchsten Maße wahrscheinlich, daß wir bald nach
der Geburt (die Zeit wird mit der Spezies variieren) das stärkste
Ansteigen des Nahrungskonsums, Stoffwechsels und des Wachstums finden müßten.

Die Stellung des Menschen erscheint als eine eigenartige.
Der Gedanke, die Anthropoiden vergleichend heranzuziehen, liegt
so nahe, daß er mir natürlich nicht entgangen ist; aber es ist
mir nicht gelungen, irgendwelche objektiven Unterlagen zu gewinnen. Nach der einen Angabe würde es sehr unwahrscheinlich
sein, daß hinsichtlich der Wachstumseigentümlichkeiten die Anthropoiden sich dem Menschen nähern. Der junge Gorilla erreicht
schon mit acht Jahren die Größe seiner Mutter, was für ein
rasches Wachstum spricht, von den kleineren Affen unterliegt es
keinem Zweifel, daß sie dem Tiertypus im obigen Sinne zugehören. Neuerdings hat aber Heinroth eine Angabe über die
Tragzeit des Anubis-Pavian (Zoologischer Beobachter Bd. XLIX

S. 16), welche doch auf ein auffallend langsames Wachstum
hinweist, gemacht.   Ich komme weiter unten darauf zurück.

Es scheint mir eine aufserordentlich wichtige Aufgabe, die
Anthropoiden hinsichtlich ihres Kraftwechsels und ihrer Wachstumsgeschwindigkeit zu untersuchen.   Ob wir hier in Europa
dazu Gelegenheit finden werden, ist sehr fraglich, wenn man die
bisherigen Erfahrungen der schwierigen Aufzucht dieser Tiere
überlegt.   Immerhin würde wenigstens die Feststellung der
Wachstumszeiten im Geburtslande der Anthropoiden ermöglicht
werden können.

Dafs das energetische Wachstumsgesetz eine wichtige biologische Erscheinung ist, das drängt sich jedem Beobachter,
glaube ich, unmittelbar auf.   Aber auch der Gedanke, diese
seltsamen Beziehungen aufzuklären, sie in ihrem Wesen und
dem Mechanismus des Zustandekommens zu verstehen, wird uns
veranlassen, die Frage weiter zu behandeln.

Meine Formel sagt: $e \times Z$ ist konstant, ob ein Kaninchen
oder ein Pferd im Wachstum begriffen ist, der Energieumsatz
auf die Einheit gerechnet, ist derselbe.   Betrachten wir daher
den Umsatz und Ansatz etwas näher.

Der energetische Nutzungsquotient beim Wachstum.

Von dem Nahrungsmaterial wird ein Teil zum Zwecke des
Wachstums im Körper zurückbehalten.   Aufser von dem Säugling
des Menschen wissen wir in keinem einzigen Falle, wie sich die
Säuger in dieser Hinsicht verhalten.   Zu irgendeiner auch nur
annähernden Schätzung über die Gröfse des Wachstumsansatzes
zur eingeführten Nahrung fehlte es bisher an jeglicher Grundlage.

Nach meinen Untersuchungen sind wir jetzt in der Lage,
an einer gröfseren Anzahl von Fällen diese interessante Frage
zu prüfen.   Ihre Lösung ergibt sich sozusagen unmittelbar aus
dem Gesetze des konstanten Energieaufwandes:

Wenn man nämlich untersucht, wie viel der Anwuchs im Verhältnis zu dem gesamten Aufwand an
Kalorien ausmacht, so kommt man zu dem Ergebnis,

dafs diese Zahlen sich alle aufserordentlich nahe-
stehen — mit Ausnahme des Säuglings. —

Mögen sich also die verschiedensten Spezies im Wachstum
ernähren, es bleibt ein fast übereinstimmender Teil der ganzen
Nahrung als Anwuchs zurück.

Das ist leicht durch Zahlen zu belegen.

Wenn $U + W =$ konstant ist, mufs auch

$$\frac{W}{U + W} \times 100 = \text{konstant sein.}$$

Dieser Wert ist ein Ausdruck für den Ansatz von Energie
als Organmasse, im Verhältnis zur aufgewendeten Gesamtsumme
der Energie.

Vergleicht man, wie viel von 100 Kalorien (Reinwert) der
Zufuhr (Umsatz + Ansatz + spezifisch-dynamische Wirkung) als
Organ (Reinkalorien) abgelagert werden, so finde ich beim

Pferd	33,3
Rind	33,1
Schaf	38,2
Mensch . . .	5,2
Schwein . . .	40,0
Hund	34,9
Katze	33,0
Kaninchen . .	27,7.

Der Mensch nimmt also wieder seine Sonderstellung ein,
im übrigen aber verhalten sich die Säuger nicht verschieden.
Die geringen Unterschiede beruhen wahrscheinlich auf Un-
genauigkeit der Bestimmung der Verdopplungszeit. Beim Schwein
sind die Schwankungen der letzteren ziemlich grofs, wie ich
schon angegeben habe; beim Kaninchen kommt in Betracht, dafs
man hier nicht nur Tageswerte der Verdopplungszeit, sondern
besser noch Stundenwerte besitzen sollte.

Das Gesamtmittel der Säuger ist **34,3**.

Man kann diese wichtige Zahl den **Wachstumsquotienten**
nennen. Die Zahl ist vorläufig ein Näherungswert, da ich eine

11*

mittlere Zusammensetzung für den Kalorienwert, den ein Kilo
Tier repräsentiert, zugrunde legen mußte; auch liegen möglicherweise kleinere Unterschiede in der Beschaffenheit des Körpers
verschiedener »Säuglinge« der Tiere vor.

Die außerordentliche Konstanz dieser Zahlen erleichtert es
uns sehr, ein allgemeines Bild der Wachstumsleistungen fest-
zuhalten.

Wie mögen sich wohl die tiefer stehenden Tiere, die Kalt-
blüter und die Einzelligen verhalten? Über letztere vermag ich
Auskunft zu geben. Ihre Lebenserscheinungen erinnern uns sehr
an das beim Warmblüter Beobachtete, der Ansatz im Wachstum,
im Verhältnis zum ganzen Energieverbrauch, überschreitet die
eben berichteten Grenzen kaum. Ich habe gefunden:

	Ansatz in % des ganzen Energieverbrauchs
bei bac. pyocyaneus . .	27,7 %
Bact. coli	30,8 %
Proteus	19,9 %
Thermophile	24,9 %.

(Arch. f. Hyg., Bd. LVII, S. 217).

Manche verbrauchten sogar noch weniger Energie im Wachstum, wie wir es ja bei den Warmblütern, speziell den Menschen
als Analogon, gesehen haben.

Die Tiere können nur dann wachsen, wenn sie einen Überschuß von Nahrung aufnehmen, aber der Überschuß über den
Erhaltungsbedarf kommt nicht glattweg zum Ansatz, sondern es
wird bei Mehrzufuhr auch mehr Wärme gebildet. Es muß für
uns aber doch von Wichtigkeit sein, die Größe dieses Nahrungsüberschusses festzustellen. Ich habe gezeigt, daß der menschliche
Säugling, wenn er sich normal ernährt, auch in der ersten Zeit
des raschesten Wachstums keine sehr nennenswerten Nahrungsüberschüsse vertilgt. Sind nicht die Tiere etwa doch günstiger
gestellt? Haben sie vielleicht eine noch intensivere Wachstumskraft und kommen daher mit noch weniger Material als der
Säugling aus?

Es ist von Wichtigkeit, die Gröfse des Nahrungsmaterials, mit dem im Tierreich das Wachstum betrieben wird, also zu vergleichen; die Gröfse des Nahrungsüberschusses über den Erhaltungsbedarf ist eine physiologisch wichtige Zahl. Die Tabelle S. 159 eignet sich zu einer solchen Berechnung, dort ist der Energieumsatz (pro 1,5 kg) angegeben, als Reinwert der Kalorienproduktion, ferner die Gesamtenergiezufuhr in denselben Einheiten. Man kann also Energiebedarf und wirkliche Zufuhr ohne weiteres miteinander vergleichen, wenn man in Stab 2 von der Summe Umsatz und Ansatz den letzteren (1504) abzieht und mit Stab 3 in Beziehung setzt.

Man findet dann: der Bedarf (= 100) verhält sich zur Zufuhr (Reinkalorien), wie folgt:

$$100 : x$$

beim Pferd	189
» Rind	211
» Schaf	211
» Menschen	120 [1]
» Schwein	212
» Hund	202
» Katze	197
» Kaninchen	194
» Mittel der Säuger . . .	202.

Die Zahlen aller Säuger, den Menschen ausgenommen, stehen in bester Übereinstimmung; in der ersten Verdopplungsperiode verhält sich Nahrung zum Bedarf wie 100 : 202, d. h. die Tiere nehmen doppelt so viel Nahrung auf als sie als Erhaltungsdiät brauchen, die Anregung, die der Stoffwechsel dadurch erfährt, ist schon oben in den Zahlen über die spezifisch-dynamische Wirkung (K) angegeben. Diese Nahrungsmenge wird von jungen Tieren, wie man aus direkten Versuchen die Rost an wachsenden Hunden nach der Säuglingsperiode angestellt hat, entnehmen kann, tatsächlich leicht auch bei Fleisch- und Fettkost aufgenommen und verdaut (Veröff. d. k. Gesundheitsamtes, Bd. XVIII 1901, S. 206).

---

[1] Diese Zahl entspricht der ganzen Verdopplungsperiode, sie steht also mit früheren Berechnungen nicht im Widerspruch.

Leuckart und Herbert Spencer haben behauptet, daſs die ernährenden Flächen des Tieres mit seiner Gröſse nur im Quadrat, die Masse des Tieres aber im Kubus zunehme. Daher folge, daſs je gröſser das Tier ist, es um so schwieriger und langsamer einen Nahrungsüberschuſs über den Verbrauch hinaus assimilieren könne, und deshalb müsse es sich auch langsamer fortpflanzen (Weiſsmann, Über die Dauer des Lebens. Jena 1882).

Diese Anschauungen werden durch meine Versuche vollkommen widerlegt. Die jungen Tiere jeder beliebigen Gröſse, von der Maus bis zum Rind sind in der Lage, nicht nur ihre Erhaltungsdiät, sondern ihre sehr reichliche Wachstumsdiät zu bestreiten. Leuckart und Spencer haben aus den anatomischen Verhältnissen ihren Schluſs gezogen, das ist nicht zutreffend.

Man muſs sich daran erinnern, daſs die Zellen kleiner Tiere, obschon sie morphologisch in nichts von denen der ausgewachsenen oder groſsen Tiere unterschieden sind, drei und viermal soviel leisten können.

Die Ansatzgröſse im Wachstum ist bei dem in den Tieren im Mittel festgehaltenen Nahrungsüberschuſs sehr groſs.

Wenn von der ganzen Masse der Zufuhr die Säuger 34% an Energie als Wachstum aufspeichern und das Mehr an Kost rund 100% des Bedarfs ausmacht (das Ganze = 202), so sieht man, daſs von dem Überschuſs $202 \times 34,3 = 69\%$ als Ansatz dienen können.

Beim Menschen macht der Überschuſs nur 20%[1] aus; zweifellos können kräftige Säuglinge bei Überfütterung viel mehr Nahrung als 20% über den Bedarf aufnehmen, aber es entspricht dies dann nicht dem wirklichen Nahrungsbedürfnis beim Wachstum. Der Säugling setzt nur 5,2% der ganzen Aufnahme an, von 120 Nahrungszufuhr $(120 \times 5,2)$ also 6,2, die 20 Teile Überschuſs liefern ihm also nur 31% als Ansatz.

---

[1] Bei optimalem Wachstum 32%; 20% ist das Mittel der ersten 180 Lebenstage.

Auch die Vermehrung des Kalorienverbrauchs über die
Grenze der Wärmebildung und über die Erhaltungsdiät hinaus
(spezifisch - dynamische Wirkung) verhält sich bei den Tieren
ganz ähnlich und kann nach den Werten der Konstanten k in
Tabelle S. 157 ohne weiteres beurteilt werden. Ich habe in einer
anderen Abhandlung über die Säuglingsernährung S. 107 bereits
näher auseinandergesetzt, daſs nach meinen Untersuchungen,
die ich schon in den Sitzungsberichten der bayer. Akademie 1885,
Heft IV und G. d. E. V. S. 90 berichtet habe, der allgemeine
Gang des Stoffwechsels der ist, daſs bei weiteren Überschüssen
von letzteren immer ein gleicher Teil zum Ansatz verfügbar bleibt.
Beim Wachstum ist nur das eine eigenartig, daſs das Eiweiſs
durch die Organbildung vor der Zersetzung und Spaltung an
die Gewebe tritt. Mit der Überschreitung des Wachtumsoptimums
erzeugt der Nahrungsüberschuſs dann die Fettmast. Das ist aber
im allgemeinen keine Eigenschaft der jugendlichen Zelle und
kein normaler Wachsprozeſs.

Die Milch als Nahrungsmittel.

Es muſs sich also ein biologischer Grund finden lassen, der
diese Gleichmäſsigkeit der Nahrungsaufnahme, des Umsatzes und
des Wachstumsansatzes bei den Tieren bedingt.

Sehe ich zunächst einmal von der Ursache ab, warum gleiche
Masse lebender Substanz trotz Verschiedenheit der Lebensbedingungen und Lebewesen die gleiche Energiesumme beansprucht,
so führt uns der Umstand eines gleichmäſsigen Ansatzes von
lebender Substanz, ohne weiters zur Frage, inwieweit denn die
Stoffe, welche angesetzt werden müssen, in der Nahrung gleichartig oder ungleichartig vertreten sein können, oder ob bei un-
gleichmäſsiger Zusammensetzung etwa eine ungleiche Wachstumskraft das gleiche Endresultat erzielen hilft.

Der einfachste Weg hierüber etwas ins klare zu kommen,
ist folgender: man vergleicht die Nahrung der Tiere.

Es ist zwar a priori nicht auszuschlieſsen, daſs die Zelleigenschaften der Tiere verschieden sein können, und daſs sie

daher trotz ungleicher Nahrung einen gleichartigen Ernährungs-
effekt erzielen können, nachdem ich aber so gleichmäfsige Gröfsen
des Nahrungsüberschusses und des Ansatzes im Wachstum gefunden habe, liegt es doch näher, ähnliche Wirkungen in der
Ähnlichkeit der Zelleigenschaften und Ähnlichkeit der Nahrung
zu suchen.

Wir benutzen die Tabelle über die Zusammensetzung der
Milchen verschiedener Säuger S. 153.

Sie zeigen zunächst eine so grofse quantitative Verschiedenheit der Bestandteile der Milch, dafs die Individualität jedes
Tieres darin zum Ausdruck kommt. Die Sache wird aber gleich
klarer, sobald wir uns auf den Hauptstoff für den Ansatz auf
das Eiweifs beschränken und den energetischen Standpunkt
in den Vordergrund treten lassen. Die Verbrennungswärme
der verschiedenen Milchen ist nicht direkt gemessen. Ich
habe aber schon a. O. mitgeteilt, dafs sich dieselbe genügend genau berechnen läfst, wenn man die Verbrennungswärme der Komponenten berechnet (Biol. XXXVI, S. 55.) Die
Zahlen für den auf Eiweifs treffenden Anteil sind demnach die
gleichartigsten unter den drei Nahrungsstoffen, wenn man
die Tabelle S. 157 betrachtet. Es gibt nur eine Milch, die
eine ganz besondere Stellung einnimmt, das ist die Menschenmilch, alle übrigen Spezies zeigen im Gehalt an Eiweifskalorien ein sehr nahestehendes Verhältnis.

Eiweifsreiche Milchen sind die von Katze und Kaninchen;
bei diesen ist die Wachstumszeit eine sehr kurze, es liegt hier
der Gedanke nahe, dafs besonders beim Kaninchen der rapide
Eiweifsansatz, der bis 11 % des Gesamtkörperbestandes ausmacht,
eben nur mehr durch das stärkere Prozentangebot an Eiweifs
bestritten werden kann.

Wenn also gleiche Gesamtsummen an Energie bei den
Tieren den gleichen Anwuchs erzielen, so sehen wir in der
Nahrung auch fast die gleichen (kalorimetrisch betrachtet) Eiweifsmengen vorhanden, nur bei den raschest wachsenden Tieren
hilft sich der Organismus mit einer Verschiebung des Eiweifsgehaltes.

Der physiologische Nutzeffekt der frischen Milch zeigt erhebliche Unterschiede; es ist nicht recht ersichtlich, welche Gründe hier maßgebend sein mögen. Daß die Regulierung der »Volumen«, wie sie die Natur durch den verschiedenen Wassergehalt vornimmt, ihre Bedeutung hat, ist sicher. Je kleiner der physiologische Nutzeffekt der frischen Milch ist, um so größer werden die Volumen, die getrunken werden müssen. Vielleicht spielt also der Wasserbedarf der Tiere in diese Frage herein; leider weiß man über diese Beziehungen des Flüssigkeitsbedarfes der Tiere zurzeit gar nichts. Beim Menschen aber könnte die Verdünnung der Milch vielleicht auf ein andres Moment zurückgeführt werden müssen als auf den Wasserbedarf. Denn man weiß vom Säugling, daß er sozusagen mit Flüssigkeit überschwemmt wird.

Man könnte sich denken, daß die wässerige Milch eine Sicherheitseinrichtung gegen Überfütterung darstellt. Die starke Füllung des Magens trägt zweifellos zum Sättigungsgefühl bei, und wenn zuviel von der Milch aufgenommen wird, stößt der Säugling dieselbe wieder aus.

Die eigenartigen Unterschiede in der Menge von Fett und Zucker müssen wohl besonderen Aufgaben dienen und dürften mit der Erzielung verschiedener Eiweißminima nichts zu tun haben. Im ganzen genommen sieht man, daß mit Ausschluß der menschlichen Milch — die Zuckermengen überhaupt nicht sehr erheblich sind, wenigstens nicht bei den kleineren Tieren. Bemerkenswert ist noch der hohe Fettgehalt bei dem sich leicht mästenden Schaf und Schwein.

Nach dieser allgemeinen Charakterisierung der Milch in ihren Beziehungen zur Organbildung, wäre es auch wünschenswert, noch die absolute Menge, der beim Wachstum aufgenommenen Stoffe zu berechnen und ihre Beziehungen zum Wachstum zu erörtern.

Für Fett und Kohlehydrate hat eine solche Feststellung nur bedingten Wert, dagegen kann es von erheblichem Interesse sein, etwas über die zugeführte Menge von Eiweißstoffen zu erfahren.

Eine Unterlage zur Berechnung dieser Gröfsen ist aus meinen Zahlen leicht zu finden.

Aus der Menge der bis zur Verdopplung durch das Wachstum verbrauchten Kalorien läfst sich die Menge der verzehrten Milch und deren Bestandteile berechnen, und diese Betrachtung wird uns eine willkommene Kontrolle für die bisherige Untersuchung sein.

Um die Milchmengen zu finden, hat man nur mit dem physiologischen Verbrennungswerte der Milch (S. 155) in die Gesamtsumme der zum Aufbau des Tieres notwendigen (Rein-) Kalorien zu dividieren. Es kommt weniger darauf an, die Volumen der Milch zu wissen, als vielmehr ihren Eiweifsgehalt zu erfahren, weil daraus sich die Menge des zum Ansatz gebrachten N auffinden läfst.

Während der Periode der ersten Körpergewichtsverdopplung wird pro 1,5 kg mittleren Gewichts aufgenommen:

	Milch aufgenommen in g	Darin Eiweifs in g	Darin N (6,34 g Eiweifs = 1 g N)
Pferd	10 470	243,9	38,4
Rind	6 390	217,9	34,3
Schaf	3 319	156,0	24,6
Mensch [1] . . .	46 710	526,5	85,9
Schwein	3 606	194,7	30,7
Hund	3 029	227,1	35,8
Katze	5 193	363,5	57,3
Kaninchen . . .	3 697	384,4	60,6

1) Ich habe nach den Analysen von Camerer und Söldner, Biol., Bd. XXXIII, S. 568, die Eiweifszahlen so erhoben, dafs ich mit Beiseitelassung des Colostrums die Eiweifswerte für die einzelnen Perioden getrennt berechnete und dann durch die Zahl der Tage dividierte. Dann erhalte ich 1,17 Eiweifs pro 100 g Milch = 0,184 Gesamt-N. — Für kurzdauernde Versuche ist es ohne Belang, wenn man als Mittel der Frauenmilch 1,5 Eiweifs, wie es häufig geschieht, zu Grund legt, in meinem Falle aber kann nur eine möglichst den 180 Tagen genau entsprechende Zahl Anwendung finden.

Die Milchmengen sind in vorstehender Tabelle unter der Voraussetzung berechnet, dafs eine gute Ausnutzung vorhanden ist[1]); fällt diese unter die günstigste Grenze, so müssen die Milchmengen gröfser genommen werden. Im allgemeinen ist bei den Milchen ein Verlust von rund 5% N durch Kot in Rechnung zu ziehen, nur beim Kinde liegt die Sache anders, der Verlust ist gröfser. Dies kann ja an sich nicht wundernehmen; denn die Kotbildung mit einem erheblichen N-Gehalt hört ja auch bei Zufuhr N-freier Stoffe keineswegs auf. Wenn also ein Nahrungsmittel, das so wenig N wie die Muttermilch enthält, genossen wird, ist relativ der N-Verlust im Kote beträchtlich.

Von dem Säugling ist mir die Gröfse des N-Verlustes im Kote soweit bekannt, dafs man sich schätzungsweise eine Vorstellung über die Verluste machen kann. Heubner und ich haben in einem Falle 16,88% N-Verlust gefunden (Zeitschr. f. Biol. XXXVI, S. 14), in einem andern Falle 20% (Zeitschr. f. exper. Pathol. u. Ther. I, S. 6), im Mittel also 18,4%. Würde ein Kind sehr reichlich Muttermilch aufnehmen, so kann dieser Wert herabgedrückt werden, er sank bei reichlicher Kuhmilchkost (Zeitschr. f. Biol. XXXVIII, S. 330) auf 6,4%.

Bei dem Saugkalb hat Soxhlet eine sehr günstige Ausnutzung gefunden (2,4% N-Verlust), dasselbe trank dreimal soviel Milch als es zur Erhaltungsdiät gebraucht hätte, der mittlere N-Verlust, rechnerisch betrachtet, dürfte etwas gröfser sein.

Ein anderer Teil des N wird natürlich benutzt, um das tägliche Bedürfnis an Eiweifs im Stoffwechsel zu bestreiten.

Ich habe also angenommen, die berechneten Reinkalorien des Gesamtenergieverbrauchs seien bei ganz normaler Ernährung festgestellt gewesen, und darauf beziehen sich die angegebenen Milchmengen.

Es steht uns nun frei, aus dieser Nahrungszufuhr die uns interessierenden Werte der N-Zufuhr abzuleiten. — Vor allem

---

[1]) Dies ist die Voraussetzung der Berechnung des physiologischen Nutzeffekts s. S. 155.

lohnt der Versuch den im Stoffwechsel verbrauchten Anteil an N zu berechnen.

Wie läfst sich die Gröfse des N-Verbrauchs im Stoffwechsel finden? Wir müssen uns dabei der von mir schon oben eingehend erörterten Erfahrung erinnern, dafs beim Wachstum der N-Verbrauch auf den Ersatz der Abnutzungsquote im wesentlichen beschränkt bleibt. Er stellt mindestens 5% des täglichen Energieverbrauchs dar. Dies gilt für den Säugling[1]), kann aber analog für die übrigen Tiere gelten, da die Milchen ja alle fett- und zuckerreich sind. Da mir der Nahrungsumsatz der Tiere (Kalorien) bekannt ist, kann man mit Leichtigkeit die gewünschte Auskunft durch Rechnung erhalten.

Man hat ja nur 5% des täglichen Energieverbrauches (in Kalorien) zu berechnen, und da man weifs, dafs 26,5 Kal. = 1 g N entsprechen, so erfährt man leicht, wieviel N-Umsatz auf diesen minimalsten Eiweifsverbrauch gerechnet werden mufs.

Diese Rechnung habe ich durchgeführt und von der Gesamtmenge des eingeführten N diesen auf den Stoffumsatz treffenden Anteil abgezogen.

N-Bilanz während der Verdopplung des Gewichts auf die ganze Periode gerechnet (s. auch Tab. S. 170).

	N in der Gesamtmilch aufgenommen	N-Umsatz durch den Stoffwechsel in Minimo	Rest d. h. N für Ansatz pro 1 kg und Verlust in Kot
Pferd	38,4	8,7	29,7
Rind	34,3	8,2	26,1
Schaf	24,6	7,6	19,0
Mensch	85,9	55,5	30,4
Schwein	30,7	7,3	23,4
Hund	35,8	8,3	27,5
Katze	57,3	8,8	48,5
Kaninchen . . .	60,6	9,7	50,9

---

1) Fast ebenso beim Saugkalb.

Wie man aus der Tabelle Stab 4 sieht, hinterbleibt bei allen Tieren ein N-Rest, der sich, wie es ja erwartet werden muſs, in den meisten Fällen mit den Werten deckt, die man durch Analyse für den N-Gehalt von 1 kg Lebendgewicht der Tiere gefunden hat.

Das ist ein auſserordentlich wichtiges Ergebnis, eine Kontrolle der ganzen Berechnungsweise. Wir sehen auch hieraus, daſs es in der Tat gelungen ist, eine richtige Bilanz aufzustellen. Würden wesentliche Fehler der Stoffwechselberechnung oder der Wachstumszeit usw. vorgelegen haben, so würde sich dies unbedingt haben zeigen müssen. Ausnahmen machen nur Katze und Kaninchen. Bei den letzten waren diese Ergebnisse vorauszusehen. Bei den Tieren, welche so reichlich Eiweiſs aufnehmen wie die genannten beiden, hält sich der N-Verbrauch bei der Erhaltungsdiät natürlich nicht auf der niedrigsten Stufe, sondern er muſs gröſser sein. Der etwas kleine Wert bei dem Schaf ist eine Folge des unter dem Mittel bleibenden Wertes des Energieverbrauchs dieser Spezies überhaupt.

Wenn man die enormen Schwierigkeiten der kritischen Betrachtung des der Berechnung unterzogenen Materials erwägt, glaube ich, wird man nur zu dem Schlusse kommen, daſs die Übereinstimmung der Ergebnisse geradezu eine vollauf befriedigende genannt werden kann.

Die Ursache des gleichmäſsigen N-Ansatzes bei verschiedenen Spezies — den Menschen ausgenommen — ist die Zelle und ihre Wachstumskraft; aber ich habe nunmehr weiter gezeigt, daſs diese Leistungen der Zelle höchstwahrscheinlich bei den genannten Spezies in bestimmter Weise abgestuft sein müssen, denn das Nahrungsmaterial ist auſserordentlich gleichbeschaffen.

Die Milch der Tiere erweist sich also so aufgebaut, daſs sie der Ansatzquote im Wachstum von der Natur genau angepaſst ist.

Der Mechanismus, diese Milch zu liefern, liegt in der Brutdrüse, und vielleicht hatte die Auffassung, daſs die Milch als verflüssigtes Organ anzusprechen sei, insofern das richtige getroffen, als dadurch ja der Regulationsvorgang der Anpassung der Milch an den jeweiligen Ernährungszustand der Jungen implizite erklärt würde. Die junge Brust des Weibchens geht allmählich Änderungen ein, die schließlich die Stadien zeitlicher Veränderungen des Kindes mitmachen.

Die hier mitgeteilten Tatsachen über die Beziehung der Zusammensetzung der Milch zum Aufbau legen wieder Zeugnis dafür ab, daß eben die richtige prozentige Zusammensetzung alles bedeutet.

Es ist merkwürdig, wie mangelhaft der Nahrungskonsum der saugenden Tiere untersucht ist. Ich habe mich bemüht, ein paar Unterlagen zu suchen, um noch eine Stütze für meine Annahmen zu finden. Das Ergebnis ist aber ein sehr bescheidenes.

In der älteren Literatur ist eine Beobachtung von Friedrich Crusius über die Ernährung des Saugkalbes vorhanden (Erdmanns Journal f. prakt. Chemie, 1856, LXVIII 2, S. 1).

Leider sind die damals ausgeführten Milchanalysen noch so ungenau gewesen, daß sie völlig unbrauchbar sind; dadurch verliert die sonst durch die Fragestellung nicht uninteressante Abhandlung für vorliegenden Zweck ihren vollen Wert.

Brauchbar sind die Angaben über die Menge der Muttermilch, welche zwei Kälber im Durchschnitt von der Mutter direkt aufgenommen haben. Ich gebe die Zahlen mit Umrechnung auf modernes Gewicht, und indem ich die absoluten Werte der Milch anfüge, an:

	Kalb A.			Kalb B.		
Lebens-woche	Gewicht zu Beginn der Woche in kg	Kilo Milch pro kg	pro toto	Gewicht zu Beginn der Woche in kg	Kilo Milch pro kg	pro toto
1	64	2,10	134,4	47	1,22	57,3
2	86	1,50	129,0	61	0,86	51,6
3	104	1,27	132,1	70	0,92	64,4
4	120	1,16	139,2	80	0,88	70,4
5	137	0,94	128,7	89	0,76	67,6
6	147	0,84	123,4	95	0,80	76,0
7	157	0,96	160,7	98	0,76	74,4

Wochenmittel pro kg 1,39 für die Verdopplungszeit.

Verdopplungszeit etwa 25 Tage
Verbrauch pro kg und Tag 0,20
= 0,20 × 25 = 5,000 l.

Wochenmittel pro kg 0,91 für die Verdopplungszeit.

etwa 35 Tage
0,130
= 0,130 × 35 = 4,55.

Die beiden Kälber haben ungleich getrunken, das eine fast halbmal mehr als das andere, so daſs es schon in etwa 25 Tagen sein Gewicht verdoppelt hatte. Es hat weit mehr Milch verzehrt als das zweite Kalb in 35 Tagen. Die Gesamtsumme der verzehrten Milch ist bei Kalb A, das eine kurze Anwuchszeit hatte, noch gröſser als bei Kalb B mit normalerer Entwicklung. Es hat vielleicht die groſsen Nahrungsmengen nicht mehr richtig verwertet.

Ich habe Tab. S. 170 für das Kalb einen Verbrauch von 6390 g mittlerer Milch angegeben. Diese Wert bedeutet den mittleren Stoffwechsel von 1,5 kg Kalb inkl. den Anwuchs, auf 1 kg gerechnet, also $\frac{6390}{1,5} = 4,260$ l, während 5,0 und 4,55 = 4,78 nach Crusius gefunden wurden.

Eine weitere Angabe bei der Konsum- und Wachstumszeit verfolgt worden wäre, kenne ich nicht (weder für die Brusternährung noch für die künstliche).

Aus den Erhebungen Soxhlets bei Kälbern mit 44—69 kg kann man als sicherste Werte 0,158 l pro 1 kg und Tag als Konsum bei Flaschenernährung berechnen (s. l. c. p. 7); allein die Beobachtungen beziehen sich nur auf wenige Tage, und die Wachstumsgeschwindigkeit einer längeren Periode wurde nicht festgestellt. Es bleibt also keine Möglichkeit zur Berechnung. Anzunehmen ist, daſs Kälber aus der Flasche, wo sie die Milch leicht bekommen können, mehr trinken als von der Brust.

Beziehungen des energetischen Grundgesetzes zum Asche-stoffwechsel.

Eine merkwürdige Bestätigung der hier vorgetragenen Anschauungen habe ich auf einem anscheinend ganz abseits dieser meist energetischen Betrachtungen liegenden Gebiet, auf dem Gebiete des Aschestoffwechsels gefunden, der in eine ganz innige Beziehung zu meinen Ergebnissen tritt. Letztere erläutern auch ganz klar die Stellung des Menschen hinsichtlich der Beschaffenheit seiner Milchsalze zum Aschegehalt seines Körpers. Bunge (Lehrbuch der physiolog. und patholog. Chemie

1894, S. 97)[1]) hat darauf hingewiesen, daſs das Verhältnis der verschiedenen anorganischen Stoffe zueinander in der Milch fast genau der Aschezusammensetzung des Tierleibes entspreche. Die Milchdrüse sammelt alle anorganischen Bestandteile genau in dem Gewichtsverhältnisse, in welchem der Säugling ihrer bedarf, um zu wachsen und dem elterlichen Organismus gleich zu werden. Später zeigte B u n g e , daſs der Aschegehalt der Milch bei solchen Tieren, die rasch wachsen, gröſser sei als bei langsam wachsenden. Sehen wir vom letzten Punkte ab, so hat sich das obige Gesetz B u n g e s nicht vollkommen bestätigen lassen.

Schon de L a n g e (Vergelykende Aschanalyses 1897) zeigte, daſs das Verhältnis der anorganischen Stoffe der Frauenmilch nicht mit jener der Leibessubstanz in Neugeborenen übereinstimmt. Auch C a m e r e r jun. (Biol. XL S. 533) hat die gleiche Anschauung auf Grund seiner Analysen ausgesprochen.

B u n g e hat dann später (Die zunehmende Unfähigkeit der Frauen, ihre Kinder zu stillen, München 1900) seine Anschauung dahin modifiziert, daſs die Säuglingsasche um so mehr von der Körperasche abweiche, je langsamer der Säugling wachse, da ja die Salze der Milch auch zur Harnbildung dienen müſsten.

Die weitgehenden Ähnlichkeiten der Milch- und Körperaschen bei vielen Tieren werden aber damit nicht voll verständlich; denn a priori sieht man keinen Grund ein, warum eine solche prozentige Regelung vorkommt, da doch die Tiere ganz ungleiche Mengen von Milch genieſsen können.

Aber diese Erklärung B u n g e s befriedigt nicht, denn dann müſsten sich auch bei den anderen Säugern, die doch recht verschiedene Wachstumsgeschwindigkeiten haben, Differenzen, und zwar sehr erhebliche, ergeben.

Dagegen erläutert das energetische Grundgesetz diese Verhältnisse aufs beste.

Die allgemeine Formulierung meines Gesetzes lautet:

$$e \times Z + W = \text{Konst.,}$$

-----

1) S. auch Zeitschrift f. physiol. Chemie, Bd. XIII, S. 399 und A b d e r - h a l d e n , Lehrb. der physiol. Chemie, 1906, S. 398.

worin *e* den täglichen Energieverbrauch, *Z* die Verdopplungszeit, *W* den Ansatz von Körpersubstanz bedeutet.

Da die Säuger, den Menschen ausgenommen, für die gleiche Menge Anwuchs die gleiche Menge Kalorien nötig haben, nehmen sie auch annähernd die gleichen Milch- und Salzmengen auf, und aus diesem Vorrat wählt die neuwachsende Masse so viel aus, als sie Salze braucht; der Rest geht durch den Harn und Kot im Stoffwechsel nach aufsen, und diese Verluste werden sich alle gleichmäfsig gestalten müssen. Nur der Mensch zeigt durch die enorme Nahrungsquantität, die er wegen der abnormen Dauer der Wachstumszeit zur Erhaltungsdiät notwendig hat, die bekannte, auch in anderen Beziehungen schon berührte Ausnahme.

Das sog. Bungesche Gesetz ist nur eine Teilerscheinung des von mir gefundenen allgemeinen Gesetzes.

Die Entwicklungsdauer und das energetische Grundgesetz im intrauterinen Leben.

Sehr naheliegend ist es, den Gedanken eines energetischen Grundgesetzes, der das extrauterine Wachstum beherrscht, auch auf das intrauterine Leben anzuwenden, ja man kann mit Fug und Recht behaupten, eine völlige Verschiedenheit in den Erscheinungen der beiden Wachstumsperioden sei geradezu der Vernunft widersprechend.

Warum sollte sich der erste Teil des Wachstums so ganz anders verhalten als der nachfolgende? Das extrauterine Wachstum ist der Masse nach der bedeutendere Vorgang; auch deshalb ist schon anzunehmen, in dem allgemein energetischen Wachstumsgesetz werde auch mit Hinzunahme der Fötalperiode nichts geändert. Soll man aber voraussetzen, dafs biologisch so ähnliche Vorgänge, wie das intrauterine Wachstum etwa ganz anders ablaufen, wie das sich unmittelbar anreihende extrauterine Leben?

Legt uns auch nach Erkenntnis des energetischen Wachstumsgesetzes der biologische Gedanke die Heranziehung des intrauterinen Lebens nahe, so steht es doch hier mit dem Beweise

12

des Gesetzes etwas schwieriger, weil das Gebiet zu wenig bearbeitet ist.

Schon die kardinale Frage: wie grofs ist der embryonale Stoffwechsel überhaupt, gilt als eine viel umstrittene. Man hat hauptsächlich zu vergleichen gesucht, wie sich der embryonale Stoffwechsel zu dem mütterlichen verhält.

Pflüger hat zuerst die Behauptung aufgestellt, der embryonale Stoffwechsel sei sehr gering und Zuntz und Cohnstein (Pflügers Archiv XIV, S. 605, 1877) glaubten aus vergleichenden Bestimmungen über die Zusammensetzung des Blutes der Umbilikalvene und Arterie diese Annahme beweisen zu können. Es hat sich aber aus neueren Untersuchungen von Bohr ergeben, dafs diese Annahmen nicht zutreffen (Skandin. Archiv, Bd. X, 1900, S. 413); am Ende der Embryonalperiode nimmt Bohr die CO_2-Produktion des Kaninchenembryo zu 558 ccm CO_2 an, während auf gleiche Einheiten — bei 35—38 ⁰ — bezogen, das ausgewachsene Tier 430 bis 480 ccm CO_2 liefert (Skandin. Arch. X, S. 14).

Die Zahlen sind gewonnen durch Bestimmung des CO_2-Ausfalls in der Respiration des Muttertiers, nach Abklemmung der Umbilikalgefäfse. Mit so grofser Genugtuung man die Ergebnisse begrüfsen wird, so kann man doch nicht verhehlen, dafs CO_2-Bestimmungen unter den bei diesen Experimenten gegebenen Verhältnissen, wobei mit einem verschiedenen Chemismus im Embryo und Mutter zu rechnen ist, besser durch eine sicherere Methode ersetzt würden.

Das Vergleichsobjekt für den Fötus müfste auch der Stoffwechsel der eigenen Mutter sein, über diese Beziehungen wissen wir aber nichts. Mangels solcher Experimente ist Bohr gezwungen, den Fötusstoffwechsel dem Stoffwechsel eines ausgewachsenen Tieres bei 38 ⁰ Lufttemperatur gegenüber zu stellen. Das hat namentlich bei pelzreichen Tieren zur Folge, dafs sie schon unter Hyperthermie leiden und meist einen erhöhten Stoffwechsel zeigen. Die Entwärmungsverhältnisse des Embryo kann man nur mit dem Aufenthalte im Bade vergleichen, will man aber die »Luft« als Entwärmungsobjekt, so suche man die Grenze der physikalischen Regulation. Ich fand an den ersten Hungertagen bei Kaninchen, obschon sie dabei immer noch Nahrung aus dem Darm aufnehmen, etwa 340—380 ccm CO_2 pro kg und Stunde bei 18—20° in vollen Tagesversuchen. Bei Fütterung findet man natürlich mehr. Ich bin also der Anschauung, daſs der Stoffwechsel des Embryo — vorausgesetzt, die CO_2-Ausscheidung sei in diesem Falle ein zuverlässiger Maſsstab des Stoffwechsels — wesentlich höher steht als der Stoffwechsel der Mutter bei Beharrungsfutter.

Weitere Untersuchungen betreffen den Embryonalstoffwechsel des Huhnes. Die Experimente sind in verschiedener Weise ausgeführt worden.

Tangl (Pflüger, Arch. Bd. LXXXXIII, S. 364) hat mittels kalorimetrischer Untersuchung des Hühnereies bestimmt, wieviel Kalorien an Verbrennungswärme bei der Bebrütung verloren gehen und diese Werte auf das mittlere Gewicht des Embryo bezogen gefunden, daſs 16 kg-Kal. (pro 7,65 g mittlerem Gewicht des Embryo) in 21 Tagen verbraucht werden, woraus für 1 kg Embryo 100 Kal. pro Tag als Umsatz sich ergeben, während nach Erwin Voit 1 kg hungerndes Huhn 71 Kal. bei 18—20° liefert. Danach würde der Hühnerembryo im Mittel nur um 41,3% mehr Wärme liefern als ein Huhn hungernd bei 18—20°. Diese Relationen sind etwas kleiner, als man sie c. p. aus Bohrs Versuchen ableiten könnte.

Tangl nimmt die ganze Entwicklungsdauer von 21 Tagen als Grundlage der Rechnung. Da aber in der ersten Zeit die Massenzunahme verschwindend klein ist, so wird man kaum eine gleichheitliche Verteilung des Gewichts auf 21 Tage annehmen können. Noch am 8. Tage kann ein Embryo erst 2—5% des Endgewichts erworben haben. Bei Bohr (Skandin. Arch. XIV, S. 425) findet sich am 4. Tage nur 4% der Wärmeentwicklung, wie am Ende der Wachstumszeit der Hühnchen. Die Wärmebildung verteilt sich also auf eine viel kürzere Periode als die ganze Bebrütungszeit ist, die wirkliche Wärmeproduktion ist demnach weit höher.

Andere Angaben über die embryonale Wärmebildung beim Huhn rühren von Bohr her, der die Wärmeproduktion direkt gemessen hat, wobei 12,2—12,6 kg-Kal. für die ganze Reihe gefunden wurden (a. a. O. S. 424 u. S. 427); in der ganzen Wachstumsperiode werden 30 g Embryo gebildet, was schätzungsweise für die angesetzte Masse nach meiner Annahme 45 kg-Kal. ausmachen dürfte (beide Werte sind Reinkalorien), somit wären 78,9% der Kalorien im Ansatz.

Will man die Wärmeproduktion zu Ende der Embryonalperiode erfahren, so sehen wir, daß 30 g Embryo rund 90 g-Kal. pro 1 Stunde $= (90 \times 24) = 2160$ g-Kal. pro Tag $= 72$ kg-Kal. pro 1 kg bilden. Ich habe (Biol. Bd. XIX, S. 366) am 2. und 3. Hungertag bei 16,6° 68,5 kg-Kal. beim normalen Huhn gefunden. Daraus würde folgen, da der Embryo künstlich erwärmt d. h. von Abkühlung geschützt wird, das Huhn aber bei ähnlicher Lufttemperatur mehr als 40% weniger Wärme liefert als bei 16—17°, daß der Embryo eine ganz erheblich größere Wärmeproduktion als das ausgewachsene Huhn, ceteris paribus, besitzt, was bei dem großen Gewichtsunterschied von Huhn und Embryo (Größenunterschied!) wohl verständlich ist.

Somit wird man als gesichert ansehen können, daß ein Embryo erheblich (im biologischen Sinne) mehr Wärme bildet als das erwachsene Tier; ersterer ist also auf das selbständige Leben soweit vorbereitet, als es unter seinen speziellen Lebensbedingungen notwendig ist.

Sobald er dann »frei« ist, sorgen die sonstigen Funktionen, die er zu leisten hat, dafür, daß er den thermischen Kampf aufnehmen kann und diejenige Wärmeproduktion leistet, die seiner Kleinheit angemessen ist.

Man wird sich aber doch fragen können, was wir denn nach den sonstigen Anschauungen über den Kraftwechsel von der Wärmebildung eines Embryo erwarten können, denn so ganz unnahbar einer Berechnung sind diese Fragen doch heute nicht mehr. Im allgemeinen wiegen die Neugeborenen der Säugetiere rund 8% des Muttertieres, nehmen wir das Muttertier zu 50 kg und seinen Kraftwechsel im Hungerzustand zu 1080 Kal. pro qm (14250 qcm) = 1539 Kal., so würde der Neugeborene bei 4 kg Gewicht und denselben sonstigen Verhältnissen (bei 2645 qcm

Oberfläche) 285 Kal. als Umsatz haben. Von dem Umstand, ob er gleich bei der Geburt normal reguliert sei, abgesehen — jedenfalls geschieht dies in kürzester Zeit nach der Geburt — würde sich der Stoffwechsel der Mutter pro kg auf 31 Kal. (abgerundet) und der des Neugeborenen pro kg auf 72 Kal. stellen müssen.

Mutter und Embryo werden aber schon deshalb im Gesamtstoffwechsel nicht um so viel unterschieden sein können, weil ja die Mutter mehr Nahrung aufnimmt als einer Erhaltungsdiät entspricht, denn sie muſs ja das Wachstum des Embryo erübrigen. Natürlich ist dieses Mehr nicht sehr groſs, da ja erst am Ende der Schwangerschaft der Embryo 8% des Muttergewichtes erreicht.

Die Lebensbedingungen des Embryo sind zwar ganz andere als die eines extrauterin lebenden Tieres, aber ebenso selbstverständlich ist es, daſs die Grundeigenschaften der Zellen im Momente des Geborenwerdens nicht völlig andere sein können, als kurz nach der Geburt.

Nach der Geburt beginnt die Tätigkeit des Herzens zu wachsen, das Sauggeschäft beginnt, die Respiration und Verdauungstätigkeit setzt ein, der innere Chemismus wird insofern geändert, als die Eiweiſsstoffe im eigenen Leib den Bedürfnissen gemäſs transformiert werden müssen, die Muskulatur hat andere Leistungen zu vollbringen als zu der Zeit, wo z. B. der Organismus im Fruchtwasser eingebettet war.

Der mütterliche Organismus hat für den Embryo eine Reihe von Funktionen übernommen, die später dem Neugeborenen alleine zufallen. Sein Kraftwechsel ist kleiner als normal, der der Mutter höher als normal. Man könnte also unter keinen Umständen ein Verhältnis zwischen Stoffwechsel bei Mutter und Embryo finden wie 1:2, sondern muſs einen ganz erheblich geringeren Wert erwarten. Für die Angaben von Tangl wie Bohr spricht also auch die Wahrscheinlichkeit der theoretischen Überlegung.

Wer also auſserordentlich groſse Verschiedenheiten im Stoffwechsel bei Mutter und Fötus erwartet, befindet sich von vornherein im Irrtum. Der Kraftwechsel des Fötus kann bei direkter Messung in der Tat nicht erheblich über dem der gleichzeitig untersuchten Mutter stehen, er steht aber niedriger als der des Neugeborenen. Er kann keinesfalls so niedrig sein, daſs er nur die Hälfte des Kraftwechsels des letzteren ausmacht, sonst wäre er gleich dem der Mutter. Ich gehe also kaum weit irre, wenn ich ihn in die Mitte lege, zwischen Neugeborenen-Kraftwechsel und mütterlichem Umsatz, das wäre etwa $^7/_{10}$ des Kalorienwertes des ersteren.

Die Bestimmung des genauen Maſses steht noch aus. In den frühen Entwicklungsstadien ist er aber, soweit man annimmt, gröſser, wenn man auch bis jetzt nicht genaue Angaben über den Säuger machen kann. Diese Steigerung des Stoffwechsels in frühen Stadien wäre dann der Ausdruck der ontogenetischen Verhältnisse des Stoffwechsels, denn es ist wenig wahrscheinlich, daſs die Ontogenie nur als eine morphologische Erscheinung aufzufassen sei. Die Zellen werden auch in ihren physiologischen Eigenschaften ihren Entwicklungsgang bis zur Reife durchzumachen haben.

Wenn wir uns nun fragen, ob nicht etwa das energetische Grundgesetz seinen Anfang bereits in der Embryonalzeit finde, so lassen sich als Ausgangspunkt der Betrachtung zunächst die Erfahrungen über die Tragzeit der Tiere benutzen. Aus dem landwirtschaftlichen Lexikon Thiels 1882 Bd. II, S. 880 und aus Landois Physiologie Bd. IX, Aufl. 1896, S. 1074 entnehme ich folgendes:

	Zeit d. Verdopplung beim Wachstum in Tagen	Entwicklungsdauer in Tagen
Pferd	60	340 (333—343 Tage)[1]
Kuh	47	285 (285—290 Tage)[1]
Schaf	15	154 (147) (144—150 Tage)[1]
Mensch . . .	180	280
Schwein . . .	14	120 (116 Tage)[1]
Hund	8	63

---

[1] Nach Klimmer, Veterinärhygiene 1907, S. 826.

	Zeit d. Verdopplung beim Wachstum in Tagen	Entwicklungsdauer in Tagen
Katze	9	56
Kaninchen . .	6	28
Meerschweinchen	—	67
Maus	—	21
Rhinozeros . .	—	540
Elefant	—	630.

Die Tragzeit nimmt mit der Gröfse der Tiere ab, und die Ausnahmestellung des Menschen ist wieder ganz ausgeprägt, Schaf und Mensch, welche etwa gleiches Geburtsgewicht besitzen, sind trotzdem in der Tragzeit sehr abweichend, aber es ist ersichtlich, dafs die Langsamkeit des extrauturinen Wachstums beide Organismen weit mehr scheidet, als die ungleiche Länge der Tragzeit. Das ist ein bisher, wie ich glaube, nicht betonter Unterschied. Über die einzelnen Perioden der embryonalen Entwicklung (Wachstumsgröfse) bei den Tieren scheint gar kein Material vorzuliegen, ich habe weder durch die Literatur noch sonstwie etwas darüber erfahren können.

Dafs aber die Tragzeiten der Tiere gewissermafsen einen nur zufällig unterbrochenen einheitlichen Entwicklungstag entsprechen, das wird ganz klar, wenn wir in graphischer Darstellung als Abszissen die Tragzeit (in Dekaden), als Ordinaten die zu Schlufs der Tragzeit erreichten Endgewichte zusammenfassen.

Verbindet man die Endpunkte, so erhalten wir eine gleichmäfsig steigende Kurve. Alle Geburtsgewichte — den Menschen müssen wir wieder ausnehmen — sind eine gleichmäfsige Funktion der Tragzeit. Der Mensch entwickelt sich also schon in der embryonalen Entwicklung sehr langsam, worauf bereits Hensen aufmerksam gemacht hat (Hermanns Handbuch d. Physiologie, Bd. VIa, S. 260).

Ich habe in die Kurven die Wärmeproduktion der betreffenden Neugeborenen eingetragen, deren Verlauf — vom Oberflächengesetz bedingt — von der Gewichtskurve sich unterscheidet.

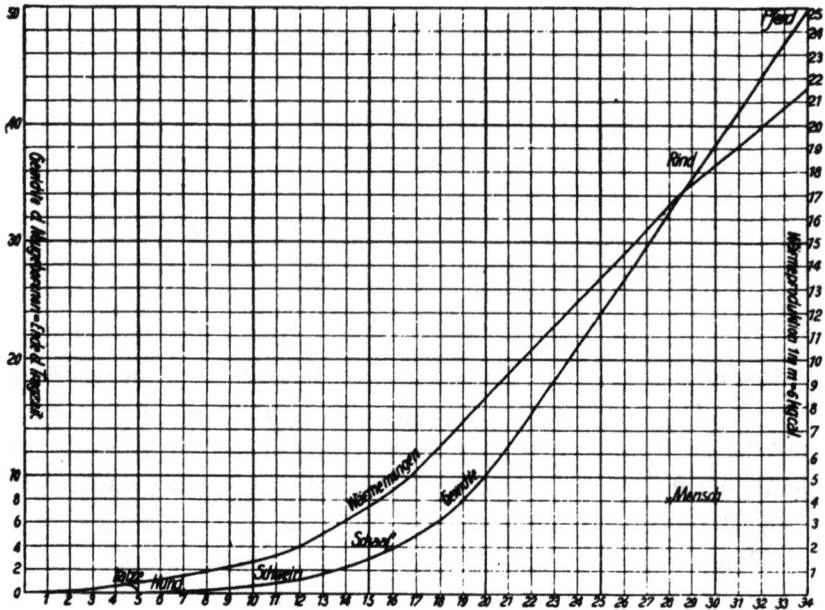

Fig. 1.

Aus diesen Kurven läfst sich das Verhältnis zwischen
mittlerem Gewicht und mittlerer Wärmeproduktion ableiten,
wenn man durch Planimetrierung die entsprechenden Flächen
der Gewichte- und der Wärmeproduktion vergleicht. Um gleichmäfsige Verhältnisse zu haben, teile ich die Kurve in regel-
mäfsige Abschnitte, I die ganze Kurve = dem Endgewicht 50 kg,
II die Halbierung = 25 kg Endgewicht, III die weitere Halbierung
= ¹/₄ des Wertes von I = 12,5 kg Endgewicht und IV = ¹/₈ von
I = 6,25 kg.

Dann findet sich für I 34,2 kg-Kal. pro 1 kg als Durchschnitt

> II 42,6   »

> III 60,0   >

> IV 66,6   »

Diese Werte entsprechen den Stoffwechselverhältnissen der
Tiere im extrauterinen Leben. Ich habe schon oben Anhaltspunkte dafür gegeben, dafs der embryonale Kraftwechsel sich
unter keinen Umständen auf die Hälfte des extrauterinen stellen
kann, der wahrscheinliche Wert mag rund ⁷/₁₀ des letzteren be-

tragen. Mit Berücksichtigung dieser Zahl werden die obigen Werte:

I 23,9 II 29,8 III 42,0 IV 46,6.

Wenn ein Tier sich entwickelt und aus den kleinsten Anfängen auf 1 kg sich ausbildet, so verbraucht es an Kraftwechsel etwa so viel als 0,5 kg Körpergewicht $\times$ der Entwicklungsdauer entspricht.

Als Entwicklungsdauer kann man nicht die ganze Periode der Schwangerschaftszeit heranziehen.

In der ersten Zeit der Schwangerschaft zeigen die Eier ein außerordentlich langsames Wachstum, oder, richtiger gesagt, erst nach recht langer Zeit beginnt das eigentliche Wachstum. Das Ei des Menschen beginnt allerdings schon nach 6 Tagen seine Entwicklung, aber nach 56 Tagen wiegt der Embryo nach Fehling gerade 4 g, hat also nur etwas mehr als $^1/_{100}$ seines Endgewichts erreicht. Das Ei des Meerschweinchens beginnt bei 67 Tagen Schwangerschaftsdauer erst nach rund 8 Tagen sein Wachstum (Hensen l. c. S. 260). Man kann also aus der Schwangerschaftsdauer keineswegs sicher die eigentliche Wachstumszeit entnehmen. Wenn ein neugeborenes Meerschweinchen = 100 gesetzt wird, so erreicht es erst nach $^4/_{10}$ der Schwangerschaftsdauer 1,3 relatives Gewicht, so daß also nur $^6/_{10}$ der 67 Tage Tragzeit auf das bedeutungsvollere Wachstum kommen. Leider kennen wir die Verhältnisse bei den übrigen Tieren nicht, wenigstens habe ich darüber keine Angaben erfahren können. (S. o. beim Hühnerei, S. 179.)

Der Energieaufwand wird demnach für die gewählten Fälle und für den Kraftwechsel:

$$I \ 340 \times {}^6/_{10} = 204 \text{ Tage} \times \frac{23,9 \text{ kg-Kal.[1]}}{2} = 2631 \text{ kg-Kal.}$$

$$II \ 250 \times {}^6/_{10} = 150 \quad » \quad \times \frac{29,8 \quad »}{2} = 2235 \quad »$$

$$III \ 205 \times {}^6/_{10} = 123 \quad » \quad \times \frac{42 \quad »}{2} = 2583 \quad »$$

$$IV \ 177 \times {}^6/_{10} = 106 \quad » \quad \times \frac{46,6 \quad »}{2} = 2470 \quad »$$

---

[1] Die Werte entsprechen der mittleren Wärmeproduktion von 0,5 kg Lebendgewicht.

Man sieht, daſs die Werte für den Energieaufwand ganz im Sinne des energetischen Gesetzes miteinander übereinstimmen.

Der Mittelwert ist = 2480 kg-Kal. für die Bildung von 1 kg lebender Substanz, gleichgültig, ob es sich um ein sehr groſses Tier handelt oder um ein kleines, das einen viel lebhafteren Stoffwechsel hat.

Zu diesem Kraftwechsel kommt noch das Errungene hinzu, dies ist der kalorische Wert der Leibessubstanz, für Reinkalorien = 1504 kg-Kal. pro 1 kg Tier,

$$
\begin{array}{lll}
\text{also} & 2480 \text{ kg-Kal.} & \text{Umsatz} \\
+ & 1504 \quad \text{»} & \text{Wachstum} \\
\hline
= & 3984 \quad \text{»} & \text{Summe.}
\end{array}
$$

Dieser Wert ist also kleiner als die Konstante des Energiegesetzes, wie ich sie oben für die extrauterine Zeit gefunden hatte = (4808).

Dies rührt davon her, daſs eben im Organismus, im intrauterinen Leben der Embryo von mancher Aufwendung an Energie bewahrt bleibt. Es kann deshalb auch die Wachstumsquote höher werden, sie beträgt hier rund 38%.

Eine andere Berechnungsweise des intrauterinen Kraftwechsels, den speziellen Fällen einzelner Spezies angepaſst, führt zu dem gleichen Ergebnis.

Man kann nemlich zunächst im allgemeinen ableiten, wie sich für irgendein Tier der mittlere Kraftwechsel bei gegebenem Gewicht während der Fötalperiode gestaltet. Ich habe für das Meerschweinchen nach Hensen die Wachstumsgröſsen im intrauterinen Leben berechnet und dazu die entsprechenden Kraftwechselwerte (Kalorienproduktion) gefügt. S. Fig. 2.

Die kleinsten für den Stoffwechsel irrelevanten Anderungen im Gewicht sind in der Kurve nicht auszudrücken. Erst nach $^4/_{10}$ der Entwicklungszeit beginnt sich die Linie über die Abszisse zu heben. Ich nehme an, daſs es sich bei anderen Tieren analog verhält und glaube damit keinen nennenswerten Fehler zu begehen. Man erfährt das wahre mittlere Gewicht der ganzen intrauterinen Periode des Lebens, wie man durch Planimeterie sieht, nicht

durch Halbierung des Anfang- und Endgewichts, wie es sein
müfste, wenn von Anfang an ein gleichheitliches Wachsen eingetreten wäre, sondern der übliche Mittelwert, gebildet aus der
Hälfte der Summe des Anfangs- und Endgewichtss, mufs mit
0,388 multipliziert werden. Analog ist der Mittelwert der Kalorien
nicht die Hälfte der Intensität zu Ende des Versuches,
sondern ein Wert, der aus dieser Zahl durch Multiplikation mit
0,414 gewonnen wird.

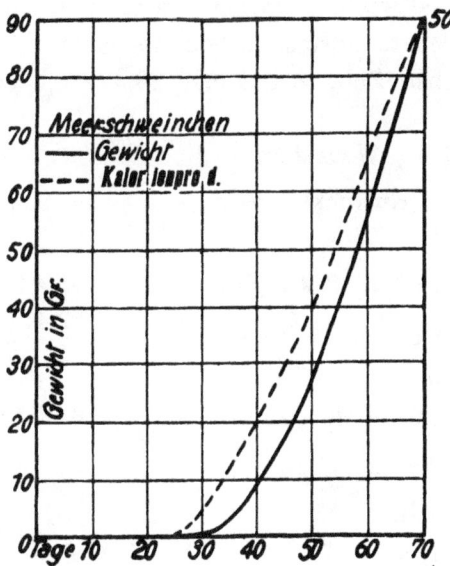

Fig. 2.

Unter diesen Voraussetzungen lassen sich mit Heranziehung
der Tabelle S. 158 die nötigen Berechnungen ausführen. Die mittlere Kalorienzahl pro kg erhöht sich im Verhältnis von $\frac{0,414}{0,388}$
v. u. 7 % — wenn man annimmt, dafs die kleinen Embryonen
eine relativ gröfsere Wärmeproduktion haben.

Dies ist aber freilich nicht absolut sicher bewiesen, aber
irrelevant, wo es sich um relative Werte handelt, wie bei unseren
Betrachtungen.

Um nun ungefähr ein Bild der so gewonnenen Zahlen zu
bieten, will ich einige Beispiele ausrechnen.

Beim Pferd hätten wir:

Kal. pro 1 kg 26,6 × 1,07 (für die Mehrproduktion, die durch das allmähliche Abnehmen des absoluten Gewichts der Embryonen bedingt ist).

= 28,4 kg-Kal. × mit der eigentlichen Entwicklungszeit = × 0,6
der beobachteten Zeit

340 × 0,6 = 204, also 28,4 × 204 = 5489 kg-Kal. als Gesamtenergieaufwand.

Da der Kraftwechsel im intrauterinen Leben nur 0,7 der extrauterinen Werte ausmacht und die Entwicklungsdauer nur 0,6 der wirklichen Zeit, so hat man 28,4 × 0,7 = 19,88 kg-Kal. pro 1 kg.

Und für 1 kg Wachstum:

$$340 \times 0,6 = 204 \,(\text{Entwicklungszeit}) \times \frac{19,88}{2} = 2028 \text{ kg-Kal.}$$

Beim Rind:

29,9 kg-Kal. × 1,07 = 32,00 kg-Kal. × 0,7 = 22,4 I. U. (Intrauterin)

$$\text{ferner}\quad 286 \times 0,6 = 171 \text{ Tage}\quad \times \quad \frac{22,4}{2} = 1916 \quad »$$

Beim Schaf:

82,7 kg-Kal. × 1,07 = 88,4 kg-Kal. × 0,7 = 61,9 I. U.

$$\text{ferner}\quad 147 \times 0,6 = 88 \text{ Tage}\quad \times \quad \frac{61,9}{2} = 2728 \text{ kg-Kal.}$$

Beim Schwein:

82 kg-Kal. × 1,07 = 87,7 kg-Kal. × 0,7 = 61,4 = 2210 »

$$120 \quad » \quad \times 0,6 = 72 \text{ Tage} \quad \times \frac{61,4}{2}$$

Beim Hund:

177,8 kg-Kal. × 1,07 = 190,2 kg-Kal. × 0,7 = 133,1

$$63 \quad » \quad \times 0,6 = 38 \text{ Tage} \quad \times \frac{133,1}{2} \quad = 2318 \quad »$$

Das Resultat lautet also: es sind an Kraftwechsel zur Entwicklung von 1 kg Tier im intrauterinen Leben notwendig:

Beim Pferd . . .	2028 kg-Kal.	
» Rind . . .	1915	»
» Schaf . . .	2728	»
» Schwein . .	2210	»
» Hund . . .	2318	»

2240 kg-Kal. im Mittel.

Auch diese Ableitung der Werte führt im wesentlichen zu dem nämlichen Resultat wie die erste S. 185 gegebene; das Ausschlaggebende liegt nicht in dem absoluten Wert als vielmehr in der grofsen Übereinstimmung der Zahlen, die sich bei Tieren von 0,28—50 Kilo Geburtsgewicht herausstellen. Der Gesamtenergieaufwand nach dieser Berechnung wäre

Kraftwechsel . . 2240 kg-Kal.
Wachstum . . . 1504 »

3744 Gesamtkal.

und die Wachstumsquote 40,2%.

Man wird bemerkt haben, dafs die Summe des energetischen Aufwandes im intrauterinen Leben kaum den energetischen Aufwand bei der ersten Gewichtsverdopplung im extrauterinen Leben erreicht.

Eine weitere Stütze des energetischen Wachstumsgesetzes läfst sich finden, wenn man ganz unabhängig von allen Kraftwechselfragen die Entwicklungsdauer der einzelnen Spezies mit der Wachstumsgeschwindigkeit im extrauterinen Leben vergleicht, letztere ausgedrückt in Tagen, die zur Verdopplung des Körpergewichts notwendig sind.

Setzt man die Entwicklungsdauer = 100, so wird die Verdopplungszeit, aus den in Tabelle S. 182 eingetragenen Grundzahlen abgeleitet, folgende:

Pferd 18
Kuh 16
Schaf 10
Mensch 6
Schwein 12
Hund 13
Katze 16
Kaninchen . . . . 21.

Die Übereinstimmung zwischen beiden Lebensvorgängen, dem extra- und dem intrauterinen Wachstum, ist demnach eine aufserordentlich weitgehende. Nur der Mensch zeigt auch hier eine Ausnahmestellung. Bei allen ist zu bedenken, dafs die Angaben der Entwicklungszeit nicht so genau beobachtet sind, wie es im Interesse einer scharfen Präzisierung nötig wäre. Bei kleinen Tieren habe ich nur Angaben in »Wochen« gefunden, was natürlich zu unvollständig ist. Besonders beim Kaninchen dürfte es notwendig sein, präziseres Zahlenmaterial zu erhalten.

Die oben präsumierten Folgerungen für das intrauterine Leben werden aber trotzdem durch diese Beobachtungen gestützt.

Die Entwicklungszeit des Anubis Pavian wird in einer soeben erschienenen Publikation von Heinroth (s. o.) auf 7 Monate = 210 Tage angegeben, dieses relativ nicht sehr große Tier hätte demnach eine recht bemerkenswerte Länge der Tragzeit. Dieser Umstand scheint mir sehr bemerkenswert und enthält vielleicht einen Hinweis, daß einzelne Anthropoiden die weite Lücke, die uns das energetische Wachstumsgesetz zwischen Mensch und Tier aufgedeckt hat, auszufüllen berufen sind.

Erklärung des energetischen Wachstumsgesetzes.

Das energetische Grundgesetz der Wachstumsgeschwindigkeit hat uns über eine Reihe von gleichartigen Erscheinungen des Stoff- und Kraftwechsels bei den Tieren aufgeklärt und einfache Grundzüge der biologischen Vorgänge erkennen lassen. Die innere innige Verwandtschaft der Säuger tritt dadurch zutage, aber zugleich die Sonderstellung des Menschen.

Was bedeutet aber das energetische Wachstumsgesetz seinem inneren Wesen nach?

Ich bin zu folgenden Thesen bezüglich der ersten Verdopplungsperiode des Wachstums gekommen:

Erstens ist die Energiemenge, welche im Stoffwechsel und Anwuchs zusammen verbraucht wird, gleich und unabhängig von der Wachstumsgeschwindigkeit. Der zweite Satz lautet: Von der Gesamtenergiemenge der Nahrungszufuhr wird bei allen Tieren (den Menschen also ausgenommen) derselbe Bruchteil zum Aufbau verwertet; der Wachstumsquotient, wie ich diese Beziehung nannte, ist also derselbe.

Drittens wurde festgestellt: Die Muttermilch hat sich in ihrem prozentigen Aufbau den Bedürfnissen der Tiere akkommodiert, indem speziell die Eiweifskalorien dem Wachstumsbedürfnis angepafst sind.

Wie kommt das merkwürdige Verhalten zustande, wo doch Stoff- und Kraftwechsel der Tiere und Anwuchszeiten so verschieden sind? Aus dem Gleichbleiben der Zahlen für das Produkt aus Zeitdauer und Kraftwechselintensität folgt ohne weiteres:

Die Anwuchszeiten der Körpergewichtsverdopplung sind genau umgekehrt proportional der Stoffwechselintensität. Je weniger Tage zum Anwuchs notwendig sind, um so intensiver ist der Kraftwechsel. Das widerspricht der Vorstellung eines Sparprinzips, da man denken möchte, wo kurzes Wachstum hinreicht, um eine Verdopplung zu erreichen, da müfste gerade wenig im Stoffwechsel verbraucht werden, um genügend einzusparen.

Das Widersprechende löst sich damit, dafs das Wachstum eben auch bei den Schnellwachsenden im Mafse des sonstigen Stoffwechsels gesteigert ist und bei den langsam wachsenden dem kleineren Stoffwechsel entsprechend niedriger steht.

Wachstumsenergieverbrauch und Erhaltungskraftwechsel sind nur periodisch verbundene Erscheinungen, der erwachsene Organismus hat die erstere Eigenschaft sozusagen völlig verloren. Aber ebenso zäh wird die Leistungsfähigkeit beider festgehalten, wo es sich um den Organisationszweck des Gewebsaufbaues handelt.

Das ist der Vorzug der physiologischen vergleichenden Betrachtung, dafs sie uns über die allgemeinen Prinzipien des Wachstumskraftwechsels aufzuklären in der Lage ist.

Die Wachstumsgröfse ist bei den näher studierten Tieren in engem Zusammenhang mit der Stoffwechselintensität. Die Strenge der Abhängigkeit von Wachstum und Stoffwechsel läfst sich kaum schärfer als durch das energetische Wachstumsgesetz zum Ausdruck bringen.

Dieselben Eigenschaften, die der Zelle die Kraft geben, grofse Nahrungsmengen zu zerstören, geben ihr auch die Fähigkeit, viel Eiweifs aufzubauen. Zwischen beiden bestehen bestimmte, bei den genannten Tieren gesetzmäfsige Beziehungen.

Die natürliche Einrichtung, welche in der lebenden Substanz diejenigen Affinitäten weckt, welche die Neubildung der Substanz als Wachstum, d. h. als eine Mehrung von Protoplasma und Zellkern bis zur Bildung einer zweiten Zelle hervorruft, nenne ich den Wachstumstrieb.

Der Wachstumstrieb bezeichnet die Grenze dessen, was ein Tier in der gedachten Periode der Körpergewichtsverdopplung leisten kann. Ernährungsphysiologisch drückt er sich in dem Verhältnis der Ansatzgröfse zum Stoffwechsel aus. Der Wachstumstrieb liegt von Geburt in der Zelle, sie kann bei bestimmtem Nahrungsangebot die Zellteilung in bestimmt begrenztem Umfang durchführen, die eine Spezies schnell, die andere langsam. Diejenige, welche schnell arbeitet im Wachstum, arbeitet auch schnell im Stoffwechsel. Diese beiden zeigen das oben schon berührte gleichartige Verhältnis der Wachstums- quotienten, einen gleichmäfsigen Prozentsatz der Nahrung, der erübrigt werden kann. Dieses Verhältnis zeigt, wie alle ähnlichen Gröfsen einen optimalen Wert und dieser scheint eben der unter natürlichen Verhältnissen festgehaltene Wachstumsquotient zu sein.

Über dessen optimalen Wert hinaus kann das Wachstum vielleicht auch noch eine Weile gefördert werden, wenn ein viel stärkeres Angebot an Nahrung erfolgt. Keine physiologische Funktion steht, so wie sie von der Natur bedingt wird, der Schäd- lichkeitsgrenze derart nahe, dafs diese scharf auf die optimalen Verhältnisse anschliefst. So ist es auch beim Wachstum nicht, denn auch dabei kann man sicher durch reichliches Nahrungs- angebot eine maximalste Wachstumsgröfse erzielen, nur scheinen solche, man möchte sagen Überanstrengungen der Zellen, ihre Nachteile nach sich zu ziehen, von denen ich den Aschemangel schon einmal hervorgehoben habe (S. 115).

Der Wachstumstrieb baut sich auf der Basis des sonstigen Stoffwechsels als eine Verstärkung der Leistungen der Zelle auf. Die Wachstumsaffinitäten werden in bestimmter Ausdeh- nung geweckt; dann bleiben sie aber von dem Kraftwechsel der

Zelle abhängig. Die beiden Funktionen, Wachstum und Umsatz, sind an sich getrennte. Es mufs aber angenommen werden, dafs alles, was den Kraftwechsel ändert, auch die Anziehungskraft der Wachstumsaffinitäten beeinflufst. Dies zeigt nicht nur das energetische Wachstumsgesetz selbst durch die Innehaltung des Wachstumsquotienten, trotz sehr ungleichen Kraftwechsels, sondern dies lehren auch vor allem die Verhältnisse bei den Einzelligen. Nie kann man bei ihnen echtes Wachstum, Zellteilungen finden, ohne den Kraftwechsel, den alles Lebende notwendig hat. Das Wachstum steht auch bei ihnen in Abhängigkeit zum Gesamtkraftwechsel im Sinne eines gleichbleibenden Wachstumsquotienten. Dies kann man bei Variation der Temperatur deutlich sehen, letztere ändert den Kraftwechsel und das Wachstum, sie übt aber keinen Einflufs auf den Quotienten aus.

Bei dem Kraftwechsel, der durch die energetischen Affinitäten vermittelt wird, mufs zugleich eine Rückwirkung und Übertragung von Kräften auf die Wachstumsaffinitäten ausgeübt werden. Denn der Prozefs des Wachstums und der Anfügung von neuen Verbindungen kann an sich keine Kraftquelle bilden, sondern dem Lebenden, das wächst, mufs selbst die nötige Energie für seinen labilen Zustand zugeführt erhalten, und der Chemismus der Angliederung erfordert vermutlich noch aufserdem Energiezufuhr, wenn auch deren Masse vielleicht an sich nicht erheblich ist.

In dieser Übertragung einer gewissen Energiesumme aus dem Affinitätenkreis des Energieumsatzes auf ein anderes biologisches Gebiet d. h. auf das Wachstum kann kaum Unwahrscheinliches gesehen werden, da wir ja bei der Muskelarbeit auch solche Vorgänge in der Übertragung der Energie selbst auf aufserhalb des Organismus befindliche Massensysteme vor uns sehen. Da die Quelle der Kraft die Kraftwechselaffinitäten sind, so wird immer das Wachstum, d. h. der Wachstumsquotient in einer zweifellos auch maximal begrenzten Beziehung zum eigentlichen Kraftwechsel stehen müssen, sowie wir auch bei der Muskelarbeit nur bestimmte Energiemengen in Arbeit überführen können.

13

Die Gleichheitlichkeit des Wachstumsquotienten bei den Tieren spricht an und für sich schon für eine solche maximale Begrenzung; wenn wir auch die Einzelligen zum Vergleich heranziehen, gewinnt der Gedanke, daß die Tiere tatsächlich auf ein solches mit dem biologischen Aufbau vereinbares Optimum des Anwuchses eingestellt sein werden, an Überzeugungskraft. Sollte sich, was zwischen den Einzelligen und dem Säugetier liegt, ganz verschieden verhalten?

Dem Wachstum werden natürlich auch durch die Resorption bei den Säugern, durch den maximalsten Nahrungsstrom bei den Einzelligen Grenzen gesetzt; es darf uns aber, nach dem was ich oben über die Lage des Optimums physiologischer Funktionen zu der Maximalgrenze der Leistungen sagte, nicht wundernehmen, wenn die Assimilationsgrenze der Nahrung nicht mit dem normalen Wachstum zusammenfällt, sondern noch höher liegt.

Der Wachstumsquotient ist eine periodische, spezifische Zelleigenschaft und Jugenderscheinung. Er ist jedesmal bei der Geburt maximal, um dann langsam abzusinken. Das findet sich auch bei den Einzelligen, nur ist ihr Alter, da die Jugend so kurz ist, auch nur ein sehr beschränktes.

Das Fundament des energetischen Grundgesetzes bleibt also der spezifische Wachstumstrieb, und dieser ist bei den Tieren derselbe, was offenbar als ein Ausdruck für eine Stammeszusammengehörigkeit angesprochen werden kann.

Wenn in dieser Weise die Regelung der Wachstumsquote auf einen gleichheitlichen Wert = 34 % stattgefunden hat und innegehalten wird, so werden je 1000 kg·Kal. Nahrung 340 Kal. für das Wachstum bieten können, und je mehr in der Zeiteinheit von Nahrung verarbeitet wird, in um so kürzerer Zeit ist 1 kg Lebendgewicht erübrigt, und bei dieser Ausgangseinheit die Masse verdoppelt.

Die Stoff- und Kraftwechselintensität bei der Maus und einem Fohlen ist nach der Geburt auf die Stoffwechseleinheit bezogen — ihre absoluten Gewichte differieren um das 25 000 fache — unendlich verschieden, aber der Wachstumstrieb ist trotzdem der gleiche. Sie eilen beide in derselben biologischen Art auf ihr Endziel des Erwachsenseins los.

Der Gedanke, daſs ein starkes Wachstum auch einen groſsen Kraftwechsel für die Wärmebildung zur Voraussetzung hat, ist vielleicht zunächst etwas Überraschendes, aber man muſs sich auf dem Gebiete des Energiebedarfes überhaupt von dem Gedanken losmachen, als wenn in der biologischen Ordnung dieser Verhältnisse die absoluten Gewichtsmengen der Nahrung gleiches bedeuteten. Die Nahrung hat überhaupt im ganzen Reich des Lebenden keinen absoluten Wert, sondern stets nur einen relativen Wert, relativ zu den Bedürfnissen der Zelle. Die gleiche Summe von Energie gilt verschiedenen Zellen ganz Verschiedenes. Zu denselben Lebensfunktionen gehören bei verschiedenen Tieren ganz verschiedene Energiemengen. Das lebende Protoplasma steht unter verschiedenen Lebensbedingungen und die Bedürfnisse wechselnder Art stellen ihre Minimalforderung auf.

Analoge Ernährungsverhältnisse lassen sich daher, wie ich es getan habe, am zuverlässigsten nach der jeweiligen Erhaltungsdiät bemessen und werden als Faktoren zu letzterer ausgedrückt. So ist die Wachstumsdiät das 2,02 fache der Erhaltungsdiät und der Wachstumsquotient das 0,34 fache der Gesamtenergie, welche aufgewandt worden ist, unabhängig von der pro kg in der Zeiteinheit verbrauchten Energiemenge.

Je gröſser das Wachstum, desto gröſser der Stoffwechsel und desto kürzer die Jugend. So bedingt also die anscheinende Nutzlosigkeit eines groſsen Stoffwechsels keinerlei Energieverluste für den Aufbau des Körpers. Der letztere ist nach einem ökonomischen Prinzip geordnet, das sich aber nicht aus Gründen des Chemismus der Nahrung, sondern nur auf Grund der Energetik verstehen läſst. Das Fundamentalste auf dem Gebiete der organischen Entwicklung sind diese energetischen Verhältnisse und Gesetze, denen sich der variable Chemismus untergeordnet erweist.

1 kg Lebenssubstanz kostet den gleichen Aufwand, ob dabei ein einzelnes Kalb heranwächst und das Gewicht verdoppelt oder 25000 Mäuse zusammen die gleiche Leistung vollbringen.

Eine mehr sekundäre Frage ist es, wenn wir feststellen wollen, welche Tiere es sind, die sich durch einen grofsen relativen Stoffwechsel und demgemäfs durch grofse relative Leistungen des Wachstums auszeichnen. Die Erledigung der Sache ist eine höchst einfache.

Die Gröfse des Kraftwechsels eines Tieres ist, wie ich zuerst bewiesen habe, eine Funktion der Körperoberfläche, in gewissem Sinne hängt also das energetische Wachstumsgesetz mit dem Gesetze der Oberflächenwirkung zusammen. Die Neugeborenen haben nach Mafsgabe ihrer Kleinheit einen sehr verschiedenen, nach der Oberflächenentwicklung bestimmten Kraftwechsel bei Erhaltungsdiät, und wenn auch der wachsende Organismus weit mehr Stoffe aufnimmt als für die Erhaltungsdiät notwendig ist, wenn er auch vermehrte Wärmeproduktion und Ansatz im Wachstum zeigt, so stehen diese Lebensäufserungen doch ihrerseits wieder in genauer Abhängigkeit zur Erhaltungsdiät.

Die kleineren Tiere müssen also auch die schneller wachsenden sein, da wir hier bewiesen haben, dafs der Wachstumsquotient ein einheitlicher ist. Aber die Wachstumstendenz hat gar nichts mit der Gröfse der Tiere und der Oberflächenwirkung zu tun. Eine Maus von 2 g Geburtsgewicht hat die maximalste Wachstumsenergie, während ein Fohlen mit einem Gewichte von 50000 g seine Laufbahn in der Welt beginnt.

Mit der Massenzunahme des Tieres beginnt die Wirkung des Oberflächengesetzes, das die Gröfse des absoluten Nahrungsbedarfs pro kg in der Entwicklung allmählich kleiner macht, aber auf den Wachstumsquotienten keinen Einflufs übt. Dafs das Oberflächengesetz also nur die allmähliche Variation der notwendigen Kalorienzahl beeinflufst, ist klar, es steht aber mit der Schnelligkeit des Anwuchses in keinem inneren Zusammenhang.

Soweit das Oberflächengesetz gilt, kann man also im allgemeinen voraussagen, wie sich die Wachstumsgeschwindigkeit
der Tiere verhält, unter der Voraussetzung, daſs auch der Wachstumsquotient über die von mir untersuchten Spezies hinaus
Geltung besitzt.

Daſs mit dem Wachstumsquotienten und dem Kraftwechsel
zugleich auch andere physiologische Funktionen gleichsinnig
geordnet und auf beide abgestimmt sein müssen, versteht sich
von selbst. Dies gilt vor allem von der Nahrungsaufnahme.
Ebenso steht es mit der Regulierung des Hungergefühles durch
das Wachstum.

Wenn die Kraft des Anwuchses, welche die Zelle äuſsert,
eine bedeutende ist, so schwindet durch dieselbe die Nahrung
aus dem Kreislauf und den Gewebeflüssigkeiten genau mit dem-
selben Erfolge, als wäre sie zerstört, denn mit dem Eintritt in
den Zellverband ist sie eben nicht mehr Nahrung.

Die Wachstumskraft zusammen mit dem Nahrungsumsatz
reguliert also zu gleicher Zeit das Hungergefühl, das seinerseits
die Aufnahme neuer Nahrung in die Wege leitet.

Offenbar läſst sich auf diesem Wege, indem man Stoffwechselintensität, Wachstumszeit und Anwuchs in die Rechnung
einführt, die ganze Entwicklung einer Spezies in Zahlen ausdrücken, die einen kurzen Ausdruck für die komplizierten Vorgänge bieten.

Ich habe in vorstehendem nur die erste Periode des Wachstums verfolgt: es ist einleuchtend, daſs wenn man die verschiedenen
Perioden, die zweite, dritte Verdopplung des Gewichtes untersucht, sich wieder bestimmte Beziehungen zwischen den Tieren
verschiedener Wachstumsintensität ergeben müssen, die das Gemeinsame haben, daſs der Wachstumsquotient sich mit fortschreitender Gröſse immer verkleinert, d. h. von den überschüssigen Nahrungsmengen des Eiweiſses immer weniger zum Anwuchs gelangt, bis sich der Quotient mit der Beendigung des
Wachstums Null nähert. Die erste Wachstumsperiode ist insofern
die interessanteste, als sie unter »Leitung der Natur« erfolgt,
indem die Mutter durch ihre Milch den Nachkommen ernährt.

Da das Wachstumsgesetz im wesentlichen auf gewisse Beziehungen zwischen Stoffwechsel und Wachstumsquote hinaus-
läuft, so ist es nicht nur nicht unwahrscheinlich, sondern sicher,
daß auch bei den Kaltblütern und tiefer hinab im Bereich
des Lebenden. bei den Einzelligen ähnliche Gruppen mit gleichartiger Wachstumsgeschwindigkeit sich finden werden, nur fällt
bei den Einzelligen die Dämpfung des Kraftwechsels durch die
Massenzunahme ganz weg, oder bewegt sich nur in sehr geringen
Größen.

Umsatz- und Ansatzquote beim Wachstum können aber
auch anders als bei den Säugetieren geordnet sein, so beim
Menschen. Der regulierende Einfluß der Oberfläche ist nur ein
sekundärer, indem zuerst die Wachstumstendenz ihr Ziel erreicht, und dann erst die dämpfende Wirkung der relativen Ober-
flächenverkleinerung einzusetzen beginnt.

Die einzigartige Stellung des Menschen aufzuklären, wird
zunächst dadurch möglich werden, daß man den Wachstumseigentümlichkeiten der Anthropoiden nachgeht, findet sich bei
diesen ähnliches, so haben wir eben eine besondere Gruppe
auch in anderer Beziehung ähnlicher und verwandter Organismen
anzunehmen.

Der Grund des langsamen Wachstums des Säuglings liegt
gewiß nicht darin, daß sein Magen große Milchmengen nicht
verarbeiten kann, oder darin, daß die Milch durch ihren geringen Eiweißgehalt ein rascheres Wachstum nicht gestattet.
Die Resorptionsfähigkeit des Magens erlaubt zweifellos weit mehr
Nahrungsaufnahme, als zur Befriedigung des Wachstumsbedürf-
nisses gehört, und in der späteren Zeit des Lebens muß mit
Rücksicht auf die Arbeitsleistung sogar ein Multiplum von dem
was zur Bestreitung des Ruhestoffwechsels gehört, aufgenommen
werden. Man hat Beispiele, daß bis zu 6000 Kal. von einem
Erwachsenen umgesetzt werden können, und wenn dies auch
exzeptionelle Fälle sein mögen, so findet man Berufsklassen
mit einem Tageskonsum von 4800 Kal., d. h. dem Doppelten des
Ruhestoffwechsels gar nicht so selten. Die Nahrung des Säuglings ist seinem Bedürfnis akkommodiert und der Wachstums-

trieb ist das Kausale. Das langsame Wachstum muſs also irgendeine andere besondere biologische Aufgabe haben. Möglicherweise handelt es sich um eine Retardation der vegetativen Seite
der körperlichen Entwicklung zugunsten der Gehirnausbildung,
Denn diese erreicht in der Tat beim Menschen schon in der
Zeit, ehe das Hirn zur systematischen Arbeit tauglich ist und
lernfähig wird, im 6. Jahre eine sehr weitgehende Vollendung.

Die Gehirnentwicklung steht im Zusammenhang mit der
Fülle der Sinneseindrücke, die diesem Organ zu seiner Vervoll-
kommnung geboten werden müssen, dazu genügt aber keine
kurze Spanne Zeit, sondern es müssen, um eine allseitige Ausbildung zu garantieren, und um die verschiedenartigsten Erscheinungen des Lebens und der umgebenden Natur in ihm zu
verankern, Jahre vergehen. Erst dann folgt die Ausbildung der
Muskelmasse, mit ihr der Trieb, diese zu üben und die Lust an
körperlicher Übung.

Mit der geschlechtlichen Reife und ihrer Ausbildung naht sich
dann die Periode des allmählichen Stillstandes im Wachstum,
vielleicht ursächlich verknüpft mit dem Zurückziehen derjenigen
Anteile aus den Zellen, denen sonst der Antrieb zum Wachstum
zu verdanken war, und welche als Geschlechtsprodukte die Aufgabe haben, die unerschöpfliche Wachstumskraft zu vererben auf
die Nachkommen.

Das Gesetz der Lebensdauer.

Im normalen Lebensverlauf beginnt die Entwicklung der
Organismen im intrauterinen Leben mit der Erweckung eines
Wachstums, das durch einen hohen Wachstumsquotienten aus-
gezeichnet ist, beim Neugeborenen ist der Quotient bereits niedriger und sinkt dann weiter von Periode zu Periode bis zur
Vollendung des Wachstums, dem Ende der Jugendzeit. Bis zu
diesem Momente hat die Schaffung der Körpergewichtseinheit
bei den Tieren einen gleichheitlichen Energieaufwand gekostet,
nur der Mensch nimmt durch den groſsen Energieaufwand eine
andere Stellung ein.

Wenn also alle Tiere in das Stadium der Vollendung des Wachstums treten, nachdem sie bis dahin pro Kilo dieselben Energiemengen verbraucht haben, so ist der Gedanke naheliegend, auch zu fragen, wie sich denn dann die entsprechenden Werte des relativen (pro 1 kg Körpergewicht berechneten) Energieverbrauchs bis zum Lebensende verhalten; mit anderen Worten, ob irgendeine Beziehung zwischen dem Verbrauch an Energie und Lebensdauer besteht und welcher Art dieselbe ist. Dieser Gedanke entwickelt sich logisch aus dem energetischen Wachstumsgesetz; es fußt dieses auf experimentellen Tatsachen, nämlich der Feststellung eines gleichartigen relativen Energieverbrauchs in der ganzen Jugendperiode.

Der Versuch, hierüber Aufklärung zu gewinnen, kann naturgemäß sich nur auf den Umfang der oben angestellten Beobachtungen erstrecken. Bis jetzt sind Bemühungen, die verschiedene Lebensdauer der Spezies zu erklären, überhaupt nicht gemacht worden. Allenfalls könnten als Versuche dieser Art nur zwei Vorkommnisse in der Literatur hier genannt werden.

Zunächst wäre die schon eingangs erwähnte Anschauung von Buffon zu nennen. Er glaubte die Lebenszeit gleich dem 6—7 fachen der Zeit des Knochenbaues. Flourens suchte diese Annahme zu stützen, indem er die Wachstumsgeschwindigkeit nach der Zeit maß, in welcher die Diaphyse und Epiphyse der langen Röhrenknochen bei der Ossifikation zusammentreffen. Als Faktor zur Berechnung der Lebenslänge nahm er die Zahl 5.

Das Buffon-Flourenssche Gesetz ist aus dem Grundgedanken eines schematischen Aufbaues der Altersperioden der Tiere entstanden; es besagte aber nichts über die Gründe einer solchen Ordnung. Da Buffon starb, ehe die neue Aera der Entdeckung des Sauerstoffs und seiner physiologischen Funktionen ein Gemeingut der Wissenschaft geworden war, konnten seinen Erwägungen natürlich auch keine präziseren Vorstellungen über die Art der maßgebenden Lebensprozesse zugrunde liegen.

Es liefs sich aber dieses Gesetz auch späterhin als keine physiologische Notwendigkeit voraussehen, da ja der Aufbau der lebenden Substanz in der Jugendperiode keineswegs auf denselben ernährungsphysiologischen Grundlagen beruht wie das Leben des ausgewachsenen Individuums. Die Neubildung der Organmasse und die Lebenserhaltung des erwachsenen Tieres sind verschiedene Prozesse. Es hat sich das Gesetz nach der Meinung der späteren Autoren überhaupt auch nicht als empirisches Mittel der Lebensdauerbemessung verwerten lassen. Auch wenn man die hypothetische Voraussetzung hätte machen wollen, dafs die Langsamkeit oder Schnelligkeit des Wachstums eine bestimmte Funktion der Stoffwechselintensität im Sinne eines gleichartigen Wachstumsquotienten sei, was ja nicht a priori bewiesen ist, würde man über die Dauer des Lebens des ausgewachsenen Tieres aus rein physiologischen Gründen keine Aussage haben machen können.

Die durch die allgemeine Erfahrung anscheinend begründete längere Lebensdauer der Tiere mit grofser Körpermasse hat später Lotze veranlafst, wenn man so sagen darf, eine Konsumtionshypothese aufzustellen. Der Erklärungsversuch, der sich wesentlich auf die Verschiedenheit der Gröfse der mechanischen Arbeitsleistung gründete, ist aber ein sehr primitiver geblieben und wäre wohl auch bei näherer Betrachtung schwer zu begründen gewesen.

Lotze meinte: ›Grofse und rastlose Beweglichkeit reibt die organische Masse auf, und die schnellfüfsigen Geschlechter der jagdbaren Tiere, der Hunde, selbst der Affen stehen an Lebensdauer sowohl dem Menschen als den grofsen Raubtieren nach, die durch einzelne kraftvolle Anstrengungen ihre Bedürfnisse befriedigen.‹ Auch diese Hypothese ist namentlich von Weismann zurückgewiesen worden, indem er betonte, dafs schnelllebige Vögel sogar träge Amphibien an Lebenslänge übertreffen können.

Weder für die Flourensschen, noch für Lotzes Anschauungen haben sich genügende Beweise finden lassen.

Wenn man aber auch alle Einwände gegen diese Hypothesen wird gelten lassen müssen, so schließt dies doch nicht
aus, daß sich vielleicht im Tierreiche Gesetzmäßigkeiten für die
Lebensdauer bestimmter, als Typen aufzufassender Gruppen von
Tieren finden lassen.

Gerade die von mir festgestellten Tatsachen des Energiegesetzes zeigen an sich schon zwei solcher Typen, aber andrer-
seits eben doch bei den Tieren unter sich die erstaunliche Übereinstimmung des Energieverbrauchs im Wachstum.

Nur von diesem Gesichtspunkt ausgehend habe ich bei den
Säugern und dem Menschen versucht, ein Bild ihres Energieverbrauchs nach Vollendung des Wachstums zu geben.

Dem Problem stehen, insoweit es sich um die Schätzung
des Energieverbrauchs handelt und der Kraftwechsel allein in
Frage kommt, nicht die geringsten Bedenken entgegen. Man
stößt aber auf außerordentlich große Schwierigkeiten, die in
der ungenügenden Feststellung des wahren mittleren Lebensalters liegen. Dies gilt weniger für den Menschen als vielmehr
für das Tiermaterial.

Das mittlere Lebensalter selbst unserer Haustiere ist offenbar
systematisch nie bearbeitet worden. Einzelne Angaben über
maximale Lebenszeiten nützen aber sehr wenig, wissen wir
doch, abgesehen von der zweifelhaften Begründung solcher Zahlen,
daß die maximalen Zahlen unendlich weit von dem Mittelwert
der Spezies abliegen können. Beim Menschen dürfte die wahrscheinliche mittlere Lebensdauer, die man bei Abhaltung vorzeitigen Todes erreichen kann, nicht weit über 80 Jahren liegen,
während die äußersten Extreme bei 150—160 Jahren sein sollen.
Ich gebe in folgendem eine kleine Übersicht des Materials, das
für den vorliegenden Zweck verwendbar und einwandfrei erscheint:

	Jugendzeit nach Flourens in Jahren	Mittleres Lebensalter				Mittel	Maximalste Lebensdauer		
		Flourens	Weismann	Brehm	Ellinger		Flourens	Brehmer	Ellinger
Mensch	20	—	—	—	—	80	—	—	—
Pferd	5	25	40—50	—	30—40	35	50	40—46	—
Rind	4	15—20	—	30—35 nach Thiel	20—30	30	—	—	40
Hund	2	10—12	—	—	—	11	—	—	20
Katze	1,5	9—10	—	—	—	9,5	20	—	15
Meerschweinchen .	0,6	6—7	—	6—8	—	6,7	—	—	—

	Mittleres Körpergewicht	Dauer des Lebens nach der Jugendzeit
Mensch	60	60
Pferd	450	30
Kuh	450	26
Hund :	22	9
Katze	3	8
Meerschweinchen .	0,6	6

Ich habe bei Pferd und Rind den neueren Angaben mehr Beweiskraft zugesprochen als den älteren, halte aber doch z. B. für das Rind den Wert als Durchschnitt als zu klein.

Für letzteres sind die Zahlen ungemein different, was begreiflich erscheint, wenn man an die verschiedenen in Frage kommenden Rassen denkt; leider ist über den Einfluß dieser keine nähere Angabe zu finden. Die Flourenssche Zahl dürfte zweifellos zu niedrig sein. Bei Thiel (s. a. S. 617) finde ich 30—35 Jahre als Alter angegeben, so daß aus den Zahlen von Ellinger und Thiel mir der Wert von 30 Jahren als der wahrscheinlichste scheint, wenn das Lebendgewicht 400—500 kg ausmacht.

Der Hauptübelstand liegt bei diesen Lebensalterbestimmungen darin, daß die Beobachter das wirkliche Gewicht der beobachteten Tiere nicht aufgeführt haben. So bin ich genötigt, Mittelwerte anzunehmen, die vielleicht von den tatsächlich den Befunden der Lebenszeit zugrunde liegenden Tieren abweichend sein mögen.

Ich habe noch angefügt die Zeit, in welcher das Tier in erwachsenem Zustande lebt. Für diese Periode läfst sich dann der Energiekonsum schätzen und zwar setze ich, um gleichmäfsige Annahmen zu haben, Erhaltungsdiät voraus.

Ich kann bezüglich der dabei benutzten Konstanten auf das Seite 158 Angeführte zu verweisen, nur für das Meerschweinchen habe ich noch zu bemerken, dafs die Konstante der Oberflächenberechnung 8,5 und die Wärmeproduktion pro 1 qm nach meiner Bestimmung 1246 kg-Kal. pro 24 Stunden ausmacht.

Berechnet man wie viel kg-Kal. vom erwachsenen Individuum bis zum Tode umgesetzt werden, so hat man für 1 kg beim

Menschen	725770	
Pferd	163900	
Kuh	141090	
Hund	163900	Mittel der Tiere 191600
Katze	223800	
Meerschweinchen . .	265500	

Soweit man es bei der noch etwas unsicheren Altersbestimmung, besonders der kleinen Tiere erwarten kann, darf man sagen, die vorstehenden Zahlen geben den Beweis, dafs für die Tiere einheitliche, für den Menschen von letzteren abweichende Verhältnisse des Energieverbrauches vorliegen. Die Abweichungen der Tierzahlen von dem Mittel des Tierwertes glaube ich auf die schon erwähnten Unsicherheiten der Gewichts- und Lebensaltersbestimmung zurückführen zu dürfen und denke, sie würden sich, wenn wir exakte Zahlen einmal gewonnen haben, noch besser decken.

Auch so in dieser noch rohen Form der Zahlen verraten sie die Einheit eines grofsen Gesetzes; man darf behaupten 1 kg Lebendgewicht der Tiere nach dem Wachstum verbraucht während der Lebenszeit annähernd die gleichen Energiemengen, der Mensch übertrifft in dieser Hinsicht alle andern untersuchten Säugetiere.

Diese Unterschiede würden sich noch viel intensiver ausprägen, wenn man den Energieaufwand für das ganze intrauterine Leben und für die Jugendzeit hinzufügen würde, denn in beiden Richtungen ist der Energiekonsum beim Menschen jenem der Tiere weit überlegen. Da ich jedoch die vorliegenden Reihen wegen der lückenhaften Angaben nicht gleichmäfsiger Berechnung unterziehen kann, verzichte ich auf diese Durchführung überhaupt.

Alles in allem genommen, die lebende Substanz des Menschen zeigt, dafs sie weit mehr Energie-umsatz aus Nahrungsstoffen zu gewinnen vermag als andre tierische Zellen. Der Mensch bleibt nicht, wie man gewöhnlich mit Bedauern sagt, hinter den Leistungen anderer Warmblüter zurück, im Gegenteil, er steht diesen weit voran. Das Protoplasma der Tiere versagt seine Dienste, nachdem es bestimmte, energetisch ausdrückbare Leistungen des Stoffwechsels im Laufe der Jahre und Jahrzehnte vollzogen hat. Soll dies alles ein Spiel des Zufalls sein, Tatsachen, die keines weiteren Kommentars wert sind? Welche Mengen von biologischen Ereignissen müssen zusammenwirken, um diese Resultate zu erhalten!

Mit der einfachen Wiedergabe der Tatsachen kann die Betrachtung ihr Ende nicht finden, denn es ist bei einem so merkwürdigen Verhalten der lebenden Substanz einleuchtend, dafs tiefere Gründe, die auf dem Wesen des Lebensprozesses fufsen, als treibende Kräfte vorausgesetzt werden müssen.

Die den Tatsachen nächstliegende Erklärung mufs die Begrenzung des Lebens in dem Versagen der Ernährung durch Zusammenbruch der Zerlegungsfähigkeit des Protoplasmas vermuten. Die Spaltung der organischen Nahrungsstoffe und die damit verknüpfte Umwandlung der potentiellen Energie derselben (s. oben) ist mit fortwährender Stellungsänderung in der Atomgruppierung des Protoplasmas verknüpft, gewissermafsen mit Arbeitsleistungen in und an der lebenden Substanz. Die Leistungen sind wie die mechanische Arbeit in andern Fällen von dem Energieinhalt der Nahrungsstoffe abhängig, und weil diese inneren Leistungen eine gleiche Arbeit erfordern, vertreten die Nahrungsstoffe sich nicht nach irgendwelchen chemischen Äquivalenten, sondern in isodynamen Mengen.

Meine Versuchsergebnisse würden also annähernd der Vorstellung entsprechen, daß die lebende Substanz nur eine begrenzte Zahl solcher Atomverschiebungen oder Lebensaktionen erleiden kann, worauf ihre Erschöpfung und ihr Zusammenbruch besiegelt ist.

Mit dieser Vorstellung ist ganz wohl vereinbar, daß man sich nicht einen mathematisch präzisen gleichzeitigen Zusammenbruch aller Lebenselemente vorzustellen braucht, es wäre sehr wohl die Auffassung für diesen physiologischen Tod unbestreitbar, daß bald dies, bald jenes wichtige Zellgebiet eher zusammenbricht und die übrigen in das Verderben hinabzieht.

Bei kleinen Tieren, das lehren die Versuche, ist die Summe der möglichen Lebensaktionen in kurzer Zeit, bei größeren Tieren erst nach Jahrzehnten erschöpft. Den Tod bestimmt nicht die Zeit, das Protoplasma kann kurzlebig und langlebig sein, aber nur in Abhängigkeit von den Leistungen, die ihm auferlegt worden sind. Diese Auffassung paßt vortrefflich zur bekannten Erscheinung der Latenz des Lebens, die fast ungemessene Dauer annehmen kann. Das Lebenssubstrat des Menschen zeichnet sich durch ganz besondere Widerstandskraft aus, dürfte aber kaum den einzigen Fall besonderer Langlebigkeit in der Natur darstellen. Ich will auch hier die Frage gar nicht weiter erörtern, wie etwa in abnormer Weise frühzeitige Erschöpfungszustände erzeugt werden könnten, auch nicht erörtern ob und inwieweit die muskulären Arbeitsumsetzungen einen bestimmenden Einfluß üben, oder was Schonzeit und Ruhe an schädlichen Folgen zu paralysieren vermögen. All diese Möglichkeiten und Erwägungen mögen vorläufig ganz beiseite bleiben.

Bei dem Kraftwechsel und der beständigen Bewegung innerhalb der lebenden Substanz müssen allmählich Schädigungen und schließlich irreparable Nachteile eintreten, welche der absoluten Größe des Energieumsatzes proportional sind. Eine solche Konsumtion trotz genügender Ernährung, trotz fortwährenden

Ersatzes des abgenutzten Eiweifses durch Nahrungseiweifs ist ein
Gedanke, der vielleicht nicht ganz plausibel klingt. Wie sollte
ein Erlahmen des unerschöpflichen und unermüdlichen Lebensprozesses eintreten, der, seitdem es Belebtes in der Natur gibt,
rastlos Neues schafft?

Die Erklärung ist, wenn man überhaupt eine Schwierigkeit
des Verständnisses hier finden will, sehr einfach. Bei den einzelligen Wesen, die sich durch einfache Teilung fortpflanzen,
gibt es, so sagt man, keinen Tod, jedes neu gebildete Wesen ist
in gleicher Weise wieder tauglich zum Leben.

Dieses Verhältnis wird nach Beobachtungen, die ich an
Hefezellen angestellt habe, ein ganz anderes, wenn man durch
einen Kunstgriff die Zellen zwingt, ohne Wachstum zu leben.

Man kann ihnen dieselbe Nahrung bieten, mit der sie sonst
wachsen könnten, kommen sie aber nicht zur Vermehrung, so
altern sie und gehen in wenigen Tagen zugrunde. Sie sind jetzt
in diesem wachstumslosen Zustand erstaunlich kurzlebig geworden.
Nur das Wachstum, die Umformung und neue Mischung der
Materie ist der Urquell des Lebens, nur Wachstumsvorgänge
können die Folgen einer einseitigen Lebensäufserung, wie der
Kraftwechsel eine ist, beseitigen.

Bei dem erwachsenen Säugetier ist diese Umformung und
Neumischung völlig ausgeschlossen.

Nach der Erreichung einer bestimmten Periode der Jugendzeit entwickeln sich die Fortpflanzungsorgane. In diesen findet
sich bei derartigen Lebewesen all das deponiert, was zur Erzeugung neuer Organismen und zur Vererbung dient. Die
übrigen Zellen des Körpers haben verloren, was die Fortpflanzungsorgane gewonnen haben. Es widerspricht keiner naturwissenschaftlich berechtigten Auffassung, wenn ich annehme,
dafs aus dem Komplex der jugendlichen noch wachsenden Zelle
allmählich solche Stoffgruppen entnommen werden, welche die
Potenz des Wachstums darstellen.

Von einem bestimmten Zeitintervall ab treten die das Wachstumsprinzip enthaltenden Potenzen an die Geschlechtsorgane,
und die übrigen Zellen des Organismus verlieren die Fähigkeit,

weiter sich zu entfalten.   Die maximale Gröfse der Spezies ist erreicht.

Es ist aber bei der Wichtigkeit dieses Prozesses klar, dafs derselbe in einem Sinne geordnet sein mufs, welcher der jeweiligen Lebenswahrscheinlichkeit entspricht.   Daraus folgt der Zusammenhang, dafs nach dem Umsatz einer gewissen Kraftsumme das Wachstum abschliefst.

Ob wir nun diesen Termin als etwas einfach in der Organisation Liegendes betrachten wollen, oder ob die lebende Substanz der Zellen des Körpers nach einer gewissen energetischen Leistung das Wachstumsprinzip leichter an die Geschlechtsdrüsen abgibt, mag unentschieden bleiben.

Es wird Aufgabe der Zukunft sein, die Gültigkeit dieser Gesetze näher zu erforschen; voraussichtlich werden sich verschiedene Gruppen gleich konstruierter »lebender Substanzen« ergeben, deren gegenseitiger Vergleich uns vielleicht dann weitere Gesichtspunkte zu erneuter Forschung gibt.

www.ingramcontent.com/pod-product-compliance
Lightning Source LLC
Chambersburg PA
CBHW081540190326
41458CB00015B/5605